和鬼谷一起学数车宏程序

刘 棋 夏哲卿 高承明 编 著

机械工业出版社

本书是基于 FANUC、广州数控系统的数控车床宏程序应用。书的内容包括基本曲线、槽以及大螺距异形螺纹等。在章节安排上，前面四章主要是讲解基本理论以及常见的曲线类零件，第 5～7 章则全部是大螺距螺纹的讲解。在内容讲解上，采用白话语言与图文并茂的形式讲解宏程序的结构、相关计算和程序算法，使读者能够由浅入深的学习。本书的内容对读者的实际生产和参加技能大赛都能起到指导作用。同时本书配有详细的讲解视频和教学 PPT。

　　本书适合数控技术专业学生、技术人员，以及有一定宏程序基础的读者学习。

图书在版编目（CIP）数据

　　和鬼谷一起学数车宏程序/刘棋，夏哲卿，高承明编著．—北京：
机械工业出版社，2015.6（2025.2 重印）
　　ISBN 978-7-111-50222-7

　　Ⅰ．①和…　Ⅱ．①刘…　②夏…　③高…　Ⅲ．①数控机床—车床—程序设计
Ⅳ．①TG519.1

　　中国版本图书馆 CIP 数据核字（2015）第 100541 号

机械工业出版社（北京市百万庄大街 22 号　邮政编码 100037）
策划编辑：周国萍　　　责任编辑：周国萍　杨明远
责任校对：张　征　　　封面设计：路恩中
责任印制：单爱军
北京虎彩文化传播有限公司印刷
2025 年 2 月第 1 版第 15 次印刷
169mm×239mm · 11.5 印张 · 134 千字
标准书号：ISBN 978-7-111-50222-7
定价：59.00 元

电话服务　　　　　　　　　　网络服务
客服电话：010-88361066　　　机 工 官 网：www.cmpbook.com
　　　　　010-88379833　　　机 工 官 博：weibo.com/cmp1952
　　　　　010-68326294　　　金 书 网：www.golden-book.com
封底无防伪标均为盗版　　　机工教育服务网：www.cmpedu.com

前　言

在数控加工领域，随着 CAM 软件的普及，对手工编程的要求有所降低。但这个现象在数控车床的加工中并不明显，对于有些异形零件的加工 CAM 软件是不能胜任的。特别是异形螺杆的加工，用 CAM 软件几乎没法入手，而普通的 G 指令也很难做到，所以这时我们要使用宏程序来解决这些问题。因此我们有必要提升自己的手工编程技巧与水平。不论 CAM 软件发展得如何，宏程序始终会占有一席之地。

本书是基于 FANUC、广州数控系统的数控车床宏程序应用，包括基本曲线、槽以及大螺距异形螺纹等。在章节安排上，前面四章主要是讲解基本理论以及常见的曲线类零件，第 5～7 章则全部是讲解大螺距螺纹。在内容讲解上，采用白话语言与图文并茂的形式讲解宏程序的结构、相关计算和程序算法，使读者能够由浅入深的学习。本书的内容对读者的实际生产和参加技能大赛都能起到指导作用。为便于读者学习，本书配有讲解视频和教学 PPT。其中，讲解视频通过手机浏览器扫描下面二维码获得，教学 PPT 通过联系 QQ 号码 296447532 获得。相信通过本书的学习，能让读者对宏程序的理解更上一个台阶！

本书适合数控技术专业学生、技术人员，以及有一定宏程序基础的读者学习。

在编写过程中，得到了很多朋友的帮助与指点。在此要感谢蒋礼（网名"翊生有你"）、李宏亮（网名 "大坏蛋"）等好友的帮助。由于本人水平有限，书中难免有错误之处，请读者和前辈们帮忙指出，不胜感激！

编著者

目　录

第1章

宏程序中的基本数学知识

1.1 勾股定理基本概念

1.2 直角三角形中三角函数用法

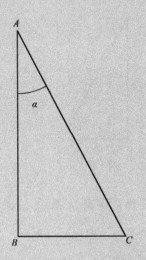

1.1　勾股定理基本概念

本节学习要点

1. 勾股定理的用法

2. 完全掌握例题的内容

如果你是程序员，掌握一定的数学知识是很有必要的。不同领域的程序，对数学的要求也不一样。比如在数控加工领域，只需掌握基本的概念就好。

在加工的时候，遇到复杂的计算时一般采用 CAD 软件辅助"找点"了。但如果想学好宏程序，那么基本的数学知识还是要具备的！幸运的是，我们不需要掌握太多的数学知识，下面就介绍常用的一种——勾股定理。

可能很多朋友都学过，那是在初中的时候就讲到的概念。所以这里只是给读者做个简单的总结，如图 1-1 所示。

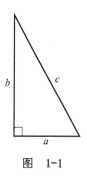

图　1-1

从图 1-1 可以看到，直角三角形中有 a、b、c 三条边，它们的关系是：两条直角边的平方和，等于斜边的平方，即：$a^2 + b^2 = c^2$。根据这个等式，已知其中两条边便可算出第三条边的长度。比如要求出 a 边的长，那么表达式是：

$a = \sqrt{c^2 - b^2}$。同理求 c 的边长就是：$c = \sqrt{a^2 + b^2}$。但这里一定要注意，勾股定理只适用于直角三角形！

下面看一个数学上的例子，如图 1-2 所示。

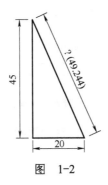

图　1-2

图中标 "?" 的是要求得的尺寸，当然我已经通过软件得知这个尺寸。如果用勾股定理算该怎么求呢？其方法如下：

根据勾股定理可知：$45^2 + 20^2 = ?^2$

$$? = \sqrt{45^2 + 20^2}$$

结果是：49.244。

最后让我们看一份数控车床零件图样。在这份图样中我们要车削内孔轮廓，但孔的有效长度却不知道，这时候就可以用勾股定理算出，如图 1-3 所示。

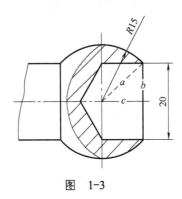

图　1-3

首先我们该学会分析图样。如果想用勾股定理，那么必须"构建"一个直角三角形。既然求长度 c，那构建的三角形一定要和 c 边有关。不难发现，图 1-1 中的三角形 abc 正好符合要求。那再看看 a、b 的长度是否已知。从图 1-1 中可以看出 a 的长度其实就是圆的半径 15mm，而 b 边的长就是 10mm。那就可以根据勾股定理公式算出 c 边的长了。

$$c = \sqrt{15^2 - 10^2} \approx 11.18$$

类似于上例的计算数不胜数，其核心就是**构建一个直角三角形，并且这个三角形要和被求的那个边有联系，然后再找到其他两个边的长度**，最后用公式套进去就行。

请读者一定要学会本节的内容。宏程序绝对离不开最基本的计算。

1.2　直角三角形中三角函数用法

本节学习要点

1. 完全掌握三角函数用法
2. 消化例题

上面一节讲到了勾股定理。如果说勾股定理是和边有关系，那么三角函数就是与角有关了。

谈到三角函数可能会让很多读者头疼。在我接触到的编程员中，特别是宏程序编程员，他们在学宏程序之初都不懂三角函数。其实三角函数的概念非常简单，只要掌握它的"形"即可。那些高深的概念完全不用理会！下面来一个实例说明，如图 1-4 所示。

假设已知 $\angle a$ 的度数和 AB 边的长度，要求出 BC、AC 的边长该怎么求？

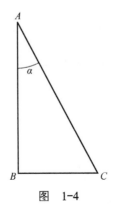

图　1-4

根据已知条件，可以得出以下几个角与边的公式：

$$\sin\alpha = \frac{BC}{AC}$$

$$\cos\alpha = \frac{AB}{AC}$$

$$\tan\alpha = \frac{BC}{AB}$$

其中，"α"是一个角度的度数。另外 $\sin\alpha$ 算出来是个具体的数值。比如 $\sin32° = 0.523$。

根据上述公式，可以很容易求出 BC、AC 的边长。比如说求 BC。那么先找到和 BC 相关的公式，只有 $\sin\alpha = \frac{BC}{AC}$、$\tan\alpha = \frac{BC}{AB}$ 含 BC 项。那么再看看两个公式里的另外一个边是不是都已知。不难发现，在 $\sin\alpha = \frac{BC}{AC}$ 中，AC 也是未知的，它也需要求出来。所以只能选择 $\tan\alpha = \frac{BC}{AB}$。正好 AB 是已知的，所以 BC 的长度求法是 $AB \tan \alpha$。

同样的，如果要求出三角形中某条边的长度，可以根据上面的公式反推即可。

或许很多读者会问，这个公式是怎么来的？其实在这里，我们并不用知道公式是怎么来的。无论如何我们从事的是数控行业，不是数学家。没必要花心思在这个上面。能够把这几个关系式用得了然于胸就足够了。

至于这些数学知识如何用在宏程序里，会在后面的章节中详细介绍。放心，它会一直缠着你的。接下来还是通过一个例子加深印象，如图 1-5 所示。

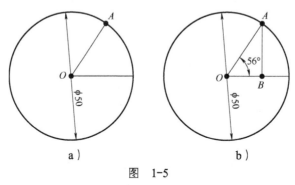

图　1-5

首先看图 1-5a，想求得点"A"在圆弧上的 X、Z 坐标。乍看之下不太好弄，但当过点"A"做一条垂线，垂直于水平线，交于点"B"（如图 1-5b 所示），由此会得到一个直角三角形 AOB。在这个直角三角形中，AB 边的长度就是点"A"在圆弧上的 X 向位置，而 OB 边的长度则是点"A"在圆弧中 Z 向的位置。根据这个直角三角形，可以很清楚地知道 $AB = OA\sin(56°)$、$OB = OA\cos(56°)$。而 OA 又正好是圆弧的半径，因此 AB 与 OB 的长度分别是：20.726、13.98。

本章就到这里，请读者务必掌握勾股定理与三角函数最基本的应用！

第 2 章

变量基本概念及运算函数

2.1　什么是变量、什么是常量

1. 常量的概念

2. 变量的概念

在机械加工领域，如果工艺是最基本最重要的元素，那么在宏程序领域，变量就是最基本最重要的了！讲解变量之前，不妨先了解下什么是常量。

所谓常量，可以通俗地理解为：**一个不会变化的阿拉伯数字！** 比如数字 1、12.21、452 等。它们自身是不会变化的，是多少就多少。可能有读者会问：那么 1+2=3，这不是变化了吗？但仔细一想就知道，这个数字 "3" 是两个常量 1、2 相加的结果，但 1、2 自身并没有因为相加而发生变化。

下面看看什么是变量吧！

其实变量，它不是一个具体的数字，而是一个代号。比如 "李四" 这个名字。它不能简单理解为某一个人，因为全国有很多人都叫 "李四"。所以代号里面的内容是不确定的。那么在数控系统中（FANUC）该如何表示变量呢？输入 "李四" 肯定是无效的，必须输入要系统能够识别的 "语言"。在数控系统中，变量用符号 "#" 来表示，后面再跟上序号，比如#1、#2、#3 等。这些序号用来区别变量的属性，比如#1 与#500，序号的不同属性也是不同的，这个在后面的章节会解释。

2.2　变量的赋值及四则运算

1. 变量的赋值

2. 变量的四则运算

所谓赋值，就是把某个东西给了另一个东西。比如小王给了我 10 块钱，那么这个过程可以理解为小王对我赋值了，这个值是 10 元人民币。那么在数控系统中，**赋值的表达方式是：#1=10。就是把阿拉伯数字 10，给了#1 这个变量。当#1 不发生运算的情况下，#1 就代表着数字 10。**

接下来看一段小程序。如例 2-1 所示。

例 2-1

G01 X80 Z-45

如果：#1=80、#2=45；

那么：**G01 X80 Z –45 完全等价于 G01 X#1 Z–#2**；

分析：由于把"80""45"这两个阿拉伯数字分别**赋值**给了变量#1、#2，所以#1、#2 就代表着数字 80、45。因此这两段小程序完全等价！赋值讲完，接下来该谈谈**变量的运算**了。

变量的运算和数学的运算法则是完全一致的。例如：加减乘除的运算顺序，如果有小括号，要先计算括号内的等。不妨看几个例子来加深概念。

例 2-2

如果：#1=10、#2=20、#3=15；

那么：#1+#2=30、#1+#3=25、#1*#3=150、#3*#2=300、#1*（#2+#3）=350。

一切就这么简单！包括**开方、算平方、三角函数计算等**，与数学运算的**方法完全一致！**

2.3　变量的自增与自减

本节学习要点

自增与自减的概念

不知不觉来到了 2.3 节。在这一节我们要学习一个非常关键的概念——自增与自减。

所谓自增与自减，就是在自身的基础上减去或加上一个值。乍听之下比较费解，先看下面的宏程序语句。

例 2-3

如果#1=10；

　　#1=#1+1；

请问#1 的值最后等于多少？

粗看之下，貌似不合理啊！#1 是 10，这 10=10+1 怎么可能呢？请注意，前面讲过变量只是个代号，不是一个具体的阿拉伯数字。比方说<u>我有一张银行卡，卡里有 100 元。现在我向卡里存 50 元，那么卡的总额是 150 元。</u>**在这个过程中，卡还是那张卡，但里面的金额已经发生了变化**。这就可以理解为自增。所以，上述程序中，#1 这张"卡"，由原来的 10，存进了 1，因此#1 的"总额"就是 11。

同理，自减也是一个道理，这里就不赘述了。

2.4　逻辑、辅助函数与三角函数

本节学习要点

1. 牢记 EQ、NE、GE、GT、LE、LT 各自的含义

2. 掌握辅助函数的用法

3. 掌握三角函数的用法与使用规范

在前面的几节里，重点讲解了关于宏程序运算以及"量"的概念。从本节开始将介绍宏程序的一些常用函数。

1．逻辑函数

首先看看最常见到的逻辑函数。

EQ：等于

NE：不等于

GT：大于

GE：大于等于

LT：小于

LE：小于等于

上述几个函数在前几节就见到过，也没有太高深的道理。记住它们就行。其实逻辑函数还有 AND、OR、XOR 这三个。一般来说在宏程序加密或者加工中心里面用得比较多，本节不作介绍。

2．辅助函数

辅助函数可以理解为方便数学计算的函数。比方说有时需要开方。常用的辅助函数有以下两个：

SQRT：平方根

ABS：绝对值

这两个函数的用法在初中数学都讲到过。只不过符号表达形式不一样而已。让我们看看在宏程序语句中该如何使用它们。

例 2-4

#1=9

#2=SQRT[#1]

此时，#2=3。

分析：

由于#1 是 9，而对 9 开方，其结果自然就是 3；

11

若：#1=-10

#2=2

#3=ABS[#1+#2]

此时，#3=8。

"ABS"的目的就是去掉负号。所有负数的绝对值，都是正数。正数的绝对值等于它自身。所以#1=-10，#2=2。#3=ABS[-8]=8，就这么简单。

另外 SQRT 函数的使用规范与数学定义是一样的，也就是不能对一个负数开方！如果一定要对负数开方，可以结合 SQRT 与 ABS 这两个函数，如例 2-5 所示。

例 2-5

本例中需要对-18开方，算法过程如下：

#1=-18

#2=-SQRT[ABS[#1]]

上述程序还可以写成

#1=18

#2=-SQRT[#1]

两个#2 的结果是一样的，第二种还简单点。但本例的目的是要让你了解 SQRT、ABS 混合使用，其他的不讲究。

3．三角函数

三角函数在第 1 章有介绍过，但那仅仅是在数学里的使用方法或格式。在宏程序语句中，它的使用格式稍有变化。

例 2-6

#1=60

#2=SIN[#1]

#3=COS[#1]

#4=TAN[#1]

那么#2、#3、#4 的结果（近似值）依次是 0.866、0.5、1.732。

上述计算相信问题不大，和数学计算没什么区别。但是在某些数控系统中上面的格式可能会引发错误。比如华中系统，它只支持弧度计算。也就是说，sin、cos 后面跟着的变量，不能直接以角度表示，必须转化成弧度。

角度与弧度互转的公式如下：

$$1rad=（180/\pi）°$$

$$1°=\pi/180rad$$

所以，当使用的是华中数控系统时，上面的计算格式应该像例 2-7 写的这样。

例 2-7

#1=60

#2=SIN[PI/180*#1]

#3=COS[PI/180*#1]

#4=TAN[PI/180*#1]

其中 PI 表示圆周率π。

其实关于格式的问题，只要对照系统说明书就能解决。格式，并不是宏程序的重点。

2.5　四舍五入函数及其使用规范

本节学习要点

1. 了解四舍五入函数的概念

2. 掌握 ROUND、FIX、FUP 函数的使用方法说到四舍五入，在数学概念里是非常简单、直观的。但是在宏语句中没有我们想象的那么直观，往往需要借助一些函数才能获得需要的结果。

首先来看看第一个函数：**ROUND**

ROUND 这个函数，它表示对给出的某个小于 1.0 数值取整数。说白了**就是把小数点去掉，并且对小数点后面的值四舍五入，使整个数值结果为整数。**比如下面的几个数值，是通过 ROUND 取整后得到的：

例 2-8

1=ROUND[0.5]

0=ROUND[0.1]

0=ROUND[0.4]

1=ROUND[1.0]

1=ROUND[0.9]

例 2-8 是直接对某个数值进行操作的。ROUND 还可以对变量操作，如例 2-9 所示。

例 2-9

#1=9.38

#2=ROUND[#1]

这时候#2 的结果就是 9.0。

但有时候取整并不是我们想要的，用 ROUND 就比较麻烦。

如果遇到一个变量，它的数值是 0.38754，我们想要的结果是 0.388 并且保存到#2 变量中。这时候该怎么操作呢？

如果直接使用#2=ROUND[#1]，那么#2 的结果毋庸置疑的是 0。所以要有点"插曲"才能实现。

例 2-10

#1=0.38754

#2=ROUND[#1*1000]/1000

此时#2 的结果就是 0.388。我们来分析一下程序是如何执行的。

首先，计算#2 的时候，先执行中括号里面的值，结果是 0.38754×1000=387.54。

然后进行 ROUND 计算，结果是 ROUND[387.54]=388。最后再除以 1000，这时候#2 的结果就是 0.388 了。

其实 ROUND 的使用非常灵活，在后期的宏程序实例中用得比较多。在本章节一定要牢牢掌握！

下面看下 FIX 函数的使用。

FIX 函数比较残忍，它不像 ROUND 那样会四舍五入。FIX 函数**直接舍去小数点后面的数值**，不考虑是否"五入"！下面通过一个例子看看它的用法。

例 2-11

#1=0.9

#2=0.1

#3=1.67

如果对上述三个变量分别用 FIX 函数计算，即

FIX[#1]=0

FIX[#2]=0

FIX[#3]=1

所以 FIX 函数一般用在计数，直接参与计算的情况比较少见。

最后看看 FUP 函数。

FUP 函数的用法正好与 FIX 相反，它虽然是去掉小数点部分，但**总是把后面的小数部分变为整数 1，并加到整数部分**。下面通过一个例子来说明。

例 2-12

#1=2.9

#2=0.001

#3=4.1

如果对上述三个变量分别用 FUP 计算，即

FUP[#1]=3

FUP[#2]=1

FUP[#3]=5

同样的，FUP 这个函数一般也不参与直接计算，而是用作其他用途。

第 3 章

宏程序的控制语句与逻辑解析

3.1　流程控制与循环语句

3.2　程序嵌套及使用

3.3　IF...THEN 语句解析

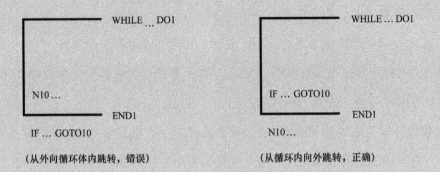

（从外向循环体内跳转，错误）　　（从循环内向外跳转，正确）

3.1　流程控制与循环语句

本节学习要点

1. 熟练掌握 IF...GOTO 语句的用法

2. 熟练掌握 WHILE...DO 语句的用法

3. 深入理解本节的文字描述与例题

在前面的两章简单介绍了宏程序的基本概念，在本章中将介绍宏程序中最重要的一个模块——**程序流程控制语句**。

要说宏程序与普通程序有什么本质的区别，其中之一就在于流程控制了。什么是流程控制呢？比如普通程序在执行的时候，它总是从第一行开始，依次执行到程序的最后一行，**中途是不会改变执行顺序的**；但**宏程序不同，它可以改变程序的执行顺序**。并且可以根据需求，让某段程序重复执行多少次等。要学会程序的执行顺序控制，必须学会以下两种语句："IF...GOTO""WHILE...DO"。

我们先看"IF...GOTO"吧！

首先我们白话翻译该语句："IF"在单词中表示"如果"的意思；"GOTO"则表示"去哪里"或者"到哪里"。那么在两个单词中的省略号，它表示条件！**条件只有两种可能：成立、不成立。**

我们可以用这个语句造句，"如果明天开学了，我就要去学校"。在此语句中，要表达的意思非常明确，当条件是"开学"的时候，"我才会去学校"。如果"不开学"，那我不会去。在这里，"开学"与"不开学"就表示条件的成立与不成立。**成立就执行，不成立就不执行！**

但我们会发现一个问题："IF [条件] GOTO"语句中，"GOTO"后面是要跟着目的地的。比如造句时候，目的地是"学校"，那在程序中，该怎么表达目的地呢？其实很简单，**目的地就是——行号！** 在数控程序中，能够表示目的地的也只有行号了。接下来通过一个例子，来综合本节与前几章的知识点吧。

例 3-1

……

#1=2

N1#1=#1-1

IF [#1 GE 0] GOTO1　（GE 表示大于等于）

（GOTO1 表示跳到第一行，这里不用写 N）

G0 X100

　　Z100

M30

在上例中综合了前面所有的知识内容。让我们逐一分析：

首先，程序对#1 这个变量进行赋值，它的结果是 2。到了下一行出现了 N1。众所周知，N 在数控程序中是行号功能字，后面跟的阿拉伯数字表示第几行（其实行号可以自己定义，在本例程序中，把"#1=#1-1"定义为第一行）。当程序执行到 N1 行的时候，系统发现#1 这个变量进行了自减运算。但系统不知道自减的目的，于是继续向下执行，来到了"IF [#1 GE 0] GOTO1"这一行。这时候系统才明白，原来#1 自减的目的是用来判断的。**当执行到这行的时候，#1 的结果已经不是 2，而是 1 了。** 然后系统会把#1 这个结果与 0 进行比较，它发现#1 当前的值（1）是大于等于 0 的。由于该语句的意思是，如果#1 的结果大于或等于 0，就跳转到第一行，所以系统会跳转到第一行执行（N1 处），不会执行下面的"G0 X100"等语句。

然后程序跳到了 N1 处，马上又开始了自减一次。**这时候#1 的结果是 0，**

而**不是 1** 了，运算过后又来到了"IF"语句进行判断，发现当前#1 的值虽然不大于 0，但等于 0。因此条件又成立了，只好继续跳到第一行。于是又进行了一次运算，此时#1 的结果是–1。当再次执行到"IF"语句时，系统发现#1 当前的值是既不大于也不等于 0，因此条件就不满足了。条件不满足，那么就不执行"GOTO1"这个命令，而是执行下一行"G0 X100"。然后依次执行。如果用示意图表示，就像例 3-2 这样。

例 3-2

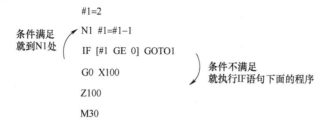

现在可以做个总结：**如果条件满足，就会执行 GOTO 命令；如果不满足，就执行"IF...GOTO"下一行的语句！**

讲完"IF...GOTO"语句，再来看看"WHILE...DO"语句。

其实"WHILE...DO"语句的道理和"IF...GOTO"语句完全一致。按惯例，把该语句白话翻译："当...就执行"。这里的"DO"表示执行。同样的，中间的省略号也表示条件，当条件成立了，就执行程序，不成立就不执行。

但细心的读者很快会发现一个问题：如果条件成立，就执行程序。那么执行从哪一行到哪一行的程序呢？它又没有给出行号什么的。没错，"WHILE...DO"这个语句，是不需要行号的。如果条件成立，它要执行的程序范围需要一个专门的关键词——"END"来指定。让我们先看一个例子吧。

例 3-3

#1=2

WHILE [#1 GE 0] DO1

#1=#1-1

END1

G0 X100

Z100

M30

在本例程序中，不难发现 **END** 关键词所在位置。它位于循环体的最后面。也就是说，**用 WHILE 判断的时候，如果条件成立，就执行 DO 与 END 之间的程序**。后面的那个阿拉伯数字"1"，表示第一层。有关层数问题，后面的章节会详细讲解，这里不赘述。但一定要记住，**DO 和 END 后面的阿拉伯数字必须一一对应。不能出现"DO1"与"END2"这个类型。要么都是 1，要么都是 2**。

在例 3-3 中，程序的执行顺序与结果和"IF...GOTO"一致。首先系统得知#1 的值目前是 2，但不知道干吗的。于是向下执行，发现这里有个 WHILE 语句，并且有个条件判断，"如果#1 的结果大于或者等于 0，那就执行 DO1 与 END1 之间的程序"。经过判断，条件是成立的。所以就执行了"#1=#1-1"。然后执行 END1 并返回到 WHILE 语句，再次判断#1 的值是否符合条件。系统发现#1 的结果是 0，仍然符合。于是继续执行 DO1 与 END1 之间的程序。一直到#1 的结果不符合，程序才会执行"G0 X100"和下一行的程序。

该语句的执行顺序如例 3-4 所示。

例 3-4

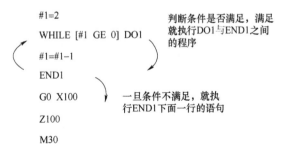

```
#1=2                          判断条件是否满足，满足
WHILE [#1 GE 0] DO1           就执行DO1与END1之间
                              的程序
#1=#1-1
END1
G0 X100                       一旦条件不满足，就执
                              行END1下面一行的语句
Z100
M30
```

现在做个总结：**如果条件满足，就会执行 DO 与 END 之间的程序；如果**

不满足，就执行 END 下面的那一行程序！

讲到了这里，可以用一份图样来综合前面所讲的知识点。

例 3-5 （图 3-1）

毛坯：ϕ60mm×62mm。

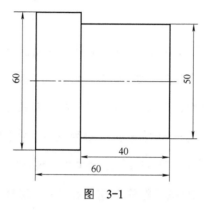

图　3-1

出于例题需要，不要其他的尺寸及公差。

看到这个图样，一眼就知道它是单纯的车削外圆轮廓。车出一个ϕ50mm×40mm 的零件。让我们先来写一个普通的程序（非 G71 或 G90）。

……

G0 X58

G1 Z–40 F150

X62

G0 Z2

X56

G1 Z–40 F150

X62

G0 Z2

……

由上面的程序可知，零件仅 X 向有变化，Z 向长度都是固定的-40mm。那么完全可以用一个变量来表示 X 向，然后让它自减就行。

（背吃刀量 1mm，演示用）

......

```
#1=60
N1  G0 X#1
    Z2
    G1 Z-40 F150
    X62
    G0 Z2
    #1=#1-2
IF [#1 GE 50] GOTO1
G0 X100
Z100
M30
```

本节讲到这里已经结束了，请读者一定要完全吸收消化上述的内容。毫不夸张地说，只要你用到宏程序，那么必定会用到这两个语句。

3.2　程序嵌套及使用

本节学习要点

1. 完全理解嵌套的概念

2. 牢记"嵌套"的注意事项

3. 理解本节中的例题

前面一节介绍了关于流程语句的应用。本节将介绍全新内容——宏程序嵌套。

所谓嵌套，就是一层包着一层。

比如说饺子，它由馅料和饺子皮组成。那么这个饺子皮包着馅料就称为嵌套。饺子皮是第一层；馅料是第二层。那么在宏程序语句中，该如何表示这种关系呢？不妨先看个例题。

例 3-6

```
……
#1=3
WHILE [#1 GT 0] DO1
#2=2
WHILE [#2 GT 0] DO2
#2=#2−1
END2
#1=#1−1
END1
……
```

其中，"GE""GT"分别表示"大于等于""大于"。

上例程序乍看之下会觉得很混乱，让我们一层层分析吧！首先模拟系统的思维。

当系统执行到"WHILE [#1 GT 0] DO1"这一行的时候，它发现有个"DO1"但还不知道与之对应的"END1"在哪，于是它只能按顺序往下执行。当执行到"WHILE [#2 GT 0] DO2"语句时，它发现了"DO2"，这时候也没发现与之对应的"END2"在哪。但它已经确定一件事："END2"一定比"END1"提前出现，不然就是错误的！于是系统继续往下执行，最后它发现了"END2"。**这个时候系统必须把"WHILE [#2 GT 0] DO2"与"END2"之间的程序执行完，才能继续往下面走。**当执行完"DO2"与"END2"之间的程序后，它往下面执行，终于发现了"END1"。这个时候它已经知道这是个嵌套循环程序！

如果用图形表达这个结构，大致是下面这个模样：

例 3-7 （图 3-2）

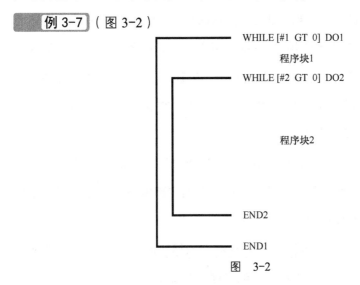

WHILE [#1 GT 0] DO1

程序块1

WHILE [#2 GT 0] DO2

程序块2

END2

END1

图　3-2

通过例 3-7，可以一目了然地理解什么是嵌套了。接下来要讲解嵌套循环的执行顺序，非常关键！

在例 3-6 的文字描述中，提到过"必须把'WHILE [#2 GT 0] DO2'与'END2'之间的程序执行完，才能继续往下面走"。现在结合程序，详细分析这句话的意思：

首先当系统执行到"#1=3 WHILE [#1 GT 0] DO1"的时候，它只知道#1 这个变量的值是 3，并且当#1 的结果大于 0 的话，就循环执行 DO1 与 END1 之间的程序段。于是继续执行下面的程序，来到了"#2=2　WHILE [#2 GT 0] DO2"这一段。这时候系统知道#2 的值是 2，并且当#2 的结果大于 0 的话，就执行 DO2 与 END2 之间的程序块，同时它也知道当前这一段已经是第二层。于是继续往下走，执行到"#2=#2–1 END2"这一块的时候，#2 的结果发生了变化，现在是 1。并且把新的#2 带回到"WHILE [#2 GT 0] DO2"做判断，发现经过运算的#2 还是大于 0，于是继续执行 DO2 与 END2 之间的程序。

这时候发现一个非常关键的问题：**程序只在 DO2 和 END2 之间执行，没有向外面那层"#1=#1–1"或者"END1"执行。因为程序目前陷在第二层里，只有第二层的条件不满足了，才会向外面一层执行！**

接着上面的继续分析。发现#2 的结果还是大于 0 后，只好再次在 DO2 与 END2 里面运行，再次执行"#2=#2-1"。这时候#2 的结果是 0 并且返回到"WHILE [#2 GT 0] DO2"做判断，发现 0 不大于 0 因此条件不满足，所以就不执行第二层程序块了，而是执行"#1=#1-1 END1"。这时候#1 的结果是 2 并返回到第一层"WHILE [#1 GT 0] DO1"做判断，结果是满足。满足就继续执行 DO1 与 END1 之间的程序块。

然后又开始执行"#2=2 WHILE [#2 GT 0] DO2"这一段。#2 的结果又变成 2 了。因为被重新赋值，于是又开始了第二层的内部循环。一直到第二层程序段不满足条件，才会执行"#1=#1-1 END1"，以此类推。

说到这可以做个总结：**当程序进入有嵌套的循环时，结束的顺序是从内向外的！**就像进入一个迷宫，从入口走到了迷宫最深处。想走出迷宫，只能从最深处开始向外走。

以上是关于"WHILE...DO"的嵌套格式，至于"IF...GOTO"其实是一个道理。在本节的例题里会讲解它，这里不讨论。

当知道了嵌套的结构以及执行方式后，现在应该牢记嵌套的一些格式问题。

格式一：不能交叉嵌套。

例 3-8 （图 3-3）

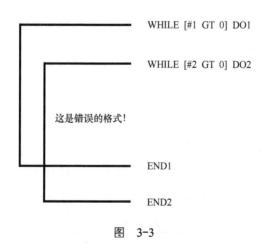

WHILE [#1 GT 0] DO1

WHILE [#2 GT 0] DO2

这是错误的格式！

END1

END2

图　3-3

根据图 3-3 我们发现，两个循环语句互相交叉了。**这种格式绝对不可行！**

格式二：WHILE 循环嵌套一次性使用时，不能超过三层。

例 3-9 （图 3-4）

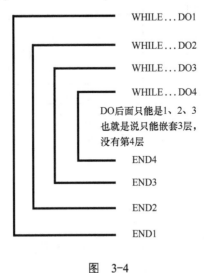

图　3-4

图 3-4 的嵌套是错误的，绝不能超过 3 层！

格式三： 只能向循环体外跳转，而不能从外面跳转到循环体内。

例 3-10 （图 3-5）

图　3-5

在循环语句与跳转语句搭配使用时，一定要注意跳转方向！

现在嵌套执行流程与格式都分析完，最后以一个小例题做总结回顾。

例 3-11 （图 3-6）

毛坯：ϕ40mm×70mm。

只车削尺寸ϕ30mm×50mm。

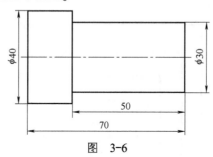

图　3-6

T0101

S500 M3

G0 X42 Z2

#1=40　　　　　　　　　（把 X 向的尺寸设为自变量。从 40 开始递减）

N1 G0 X#1　　　　　　　（先定位 X 尺寸）

#2=0　　　　　　　　　　（把 Z 向的尺寸设为自变量。从 0 开始递增）

N2 G01 Z–#2 F150　　　　（进入第二层后，开始车削 Z 向长度）

#2=#2+2　　　　　　　　（Z 向变量从 0 开始递增）

IF [#2 LE 50] GOTO2　　　（如果 Z 向的尺寸没到 50，就继续增加。一直
　　　　　　　　　　　　　到不满足条件）

G01 X41 F150　　　　　　（执行到这一步，说明 Z 向车好了）

G0 Z2　　　　　　　　　（重新回到 Z 定位点）

#1=#1–2　　　　　　　　（X 向递减。为的是进行下一次车削）

IF [#1 GE 30] GOTO1　　　（如果 X 向的尺寸没到 30,就执行整个程序体）

G0 X100

Z100

M30

程序是用了两层嵌套车削外圆轴。其实在实际加工中没有这个必要。但

这里仅仅是举例，加深印象而已。

在上述程序中，当第二层执行好了，会把 X 向递减。然后再回到"N1 G0 X#1"处继续加工。然后又把#2 的结果重新赋值为 0，重新车到–50 处。然后 X 向退刀并且#1 的值递减，于是又回到了"N1 G0 X#1"，以此类推。

本节到这里就结束了，请读者一定要消化上述知识点。**你可以慢慢学，保证学习质量就行！**

3.3 IF...THEN 语句解析

本节学习要点

1. 了解 IF...THEN 语句的执行方式

2. 牢记 IF...THEN 语句的用法及注意事项

上一节讲解了嵌套的使用，同时也举了例子加以强化。现在再写一个类似的程序，看看有什么问题！

例 3-12

```
......
#1=30（毛坯）
WHILE [#1 GE 26] DO1
G0 X#1
G1 Z–20 F200
X[#1+1]
Z2
#1=#1–1.3
END1
......
```

上述例子讲的是车削一个 ϕ 26mm×20mm 的小外圆，乍看之下没什么问题。但是如果你够细心，会发现本例中有一行语句是发生变化的——"#1=#1−1.3"。变化就在于每次递减的这个值是 1.3 了。在前面的例子中，总是以 1 或 2 来做递增或递减的值。那么改为 1.3 的话到底有什么影响呢？让我们一步步分析就知道了！

第一次循环时，#1 是 30。然后运行到递减的时候，#1 的值是 30−1.3=28.7。

然后把新#1 的值送到 WHILE 这一行做判断，发现其结果比 26 大。于是满足条件继续执行循环。

第二次循环时，#1 的结果就变成了 28.7−1.3=27.4 其结果仍然大于 26，于是又进行了第三次循环。第三次的时候#1 的结果就变成了 27.4−1.3=26.1。这时候判断下发现还是大于 26，于是在 G0 X#1 这里执行了一下。此时此刻，外圆是 ϕ 26.1mm。到了下面又进行了递减，此时#1 的结果是 26.1−1.3=24.8。随后把新#1 放到 WHILE 语句判断下，发现此时的#1 已经不满足循环条件了，于是就不执行循环，往 END1 下一行的语句执行。但是我们发现外圆还没到 26，是 26.1！

说到这不难发现，如果递增或递减量不能整除差值（初始值与目标值的差，本例中初始值是 30，目标值是 26，差是 4）的话，车出来的零件是达不到要求的。而且实际加工中类似这样的情况非常常见，那到底该怎么办呢？

有人会想到一个折中的办法：让它能够整除。于是在"差值"或者递增量上做出妥协。其实还有一个更好的办法并且不用考虑过多的问题，用"IF...THEN"语句！

"IF...THEN"语句的白话翻译是：如果...那么。如前面的一样，语句中的省略号就是条件判断。条件成立与否直接决定了该语句的执行结果。把例 3-12 加上"IF...THEN"语句看看有什么效果（注意该语句所在的位置）。

例 3-13

……

#1=30　（毛坯）

```
WHILE [#1 GE 26] DO1

G0 X#1

G1 Z–20 F200

X[#1+1]

Z2

#1=#1–1.3

IF [#1 LT 26] THEN #1=26          （LT 表示小于）

END1
```

......

假定程序已经运行了三次并且在"#1=#1–1.3"这一行。也就是说#1 的值是 26.1–1.3=24.8。这个时候程序执行到了"IF [#1 LT 26] THEN #1=26"语句。这条语句说：如果#1 的值小于 26，那么就把#1 重新赋值为 26。也就是说，只要#1 的值小于了 26，那么#1 就会变成 26！而程序中#1 的结果由于运算后变成了 24.8 小于 26，条件满足！所以此时的#1 其结果已经是 26 了！于是把#1 带回到 WHILE 语句这行，发现#1 的值虽然不大于 26，但等于 26。于是条件成立，继续执行循环体。

当程序执行到"Z2"的时候，说明此时外圆车好了，下面应该退刀了。但实际上程序执行是不是如此呢？

程序继续往下面走，执行到"#1=#1–1.3"语句。这时候#1 的结果又变成 24.8 然后继续执行到 IF...THEN 这一步，发现#1 的结果比 26 小，于是又把#1 重新赋值成 26。这时候把#1 的值带到 WHILE 语句判断，条件成立，于是加工外圆。但外圆早在上一次就车好了！讲到了这里，我们会发现一个严重的问题：**程序是无限循环！**

那该怎么处理呢？既要解决不能整除的问题，又要避免无限循环。

31

如果在程序里加条语句"当#1 的结果等于 26 的时候，就不执行循环直接退刀"。就可以解决无限循环的问题。那该怎么加？且看例 3-14。

例 3-14

```
......
#1=30    （毛坯）
WHILE [#1 GE 26] DO1
G0 X#1
G1 Z–20 F200
X[#1+1]
Z2
IF [#1 EQ 26] GOTO1              （EQ 表示等于）
#1=#1–1.3
IF [#1 LT 26] THEN #1=26         （LT 表示小于）
END1
N1
......
```

如例 3-14 所示，如果在"Z2"下一行加上"IF [#1 EQ 26] GOTO1"就可以解决无限循环的问题。

当外圆车到 ϕ 26mm 的时候，执行到"IF [#1 EQ 26] GOTO1"时，系统判断了#1 的结果是否满足条件，发现#1 的值是与 26 相等的，于是就执行"GOTO1"命令，跳到了 N1 段。而 N1 段又在循环之外，所以就不会再执行"#1=#1–1.3   IF [#1 LT 26] THEN #1=26"等循环语句，而是执行 N1 段下面的程序了。

在本书后面的程序实例中，会有大量类似此程序的应用。因此务必要掌握本节的内容，否则后面的内容将寸步难行！

第4章

非圆曲线类零件宏程序编制

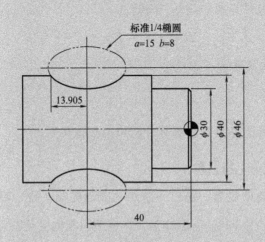

4.1　椭圆曲线的宏程序编制思路与程序实例

1. 完全掌握方程化简的方法，以及目的

2. 了解自变量、因变量的选择前提

3. 完全掌握非圆曲线的走刀轨迹

进入本节，也正式开启了宏程序编程之旅。

在宏程序的世界里可以做各种零件轮廓，特别是在数控车床技能大赛图样里，轮廓花样之多让人眼花缭乱。其中会经常看到一些曲线，它们无法直接通过 G2/G3 来加工，如椭圆、抛物线等。虽然现在的数控系统，有些 G 代码可以直接加工类似的曲线，但不全面。或许你也可以用 CAM 软件进行自动编程，但我认为，掌握曲线的宏程序编制是非常有必要的！很适合新手理解宏程序，并且慢慢体会到宏程序的精髓——刀具轨迹！所以从本节开始将逐一介绍数控车床加工范围内，可能会遇到的非圆曲线。

先看第一个最常见的曲线——椭圆。

与其他同类书籍不同，本书不会一开始就大谈程序，为时尚早！我觉得该先谈谈加工非圆曲线该分哪几步：

1. 方程化简
化简方程的目的是更好理解等号两边的数值关系。

2. 确定因变量、自变量
确定这两个量的目的，说白了就是让方程能够"动"起来。所谓自变量就是自身会主动发生变化。而因变量，它是因为其他变量变化而变化的量，属于被动变化。如例 4-1 所示。

例 4-1

#1=10

#2=#1+5

……

显而易见，这里#2 的结果是 15。

如果#1 的值是 12 的话，那么#2 的结果就是 17 了。#1 是 18，#2 的结果是 23。当#1 的值发生变化了，#2 随之也发生了变化。在上述例子中，#1 就是自变量，#2 就是因变量。因为#2 总是因为#1 的变化而变化。

3．编程时同时考虑曲线数学坐标与零件坐标

在编制曲线宏程序的时候，曲线自身是有坐标系的，而加工零件时也有坐标系。说通俗点，曲线自身坐标系的零点位置，不可能总是与零件坐标系零点重合。这两个坐标系之间需要"转化"。

上述三个问题都搞定了，就可以进行程序的编制。其中第三点会在程序里表述出来。首先解决第一个问题：方程化简。

首先看一幅图样。

例 4-2 （图 4-1）

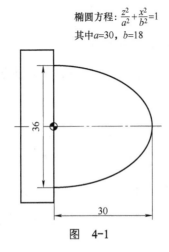

椭圆方程：$\frac{z^2}{a^2}+\frac{x^2}{b^2}=1$
其中$a=30$，$b=18$

36

30

图 4-1

图 4-1 的图样告诉了我们椭圆标准方程，另外还知道该椭圆的长、短半轴各为 30mm、18mm。或许有读者不知道什么是长、短半轴，但仔细看看图样应该不难猜出来吧！

图 4-1 中的方程，并不是加工时所需要的。我们希望得到的是 $X=\ldots$ 或者 $Z=\ldots$ 所以需要把方程化简。

化简步骤：

1. 移项

$$\frac{x^2}{b^2} = 1 - \frac{z^2}{a^2}$$

2. 去分母

$$x^2 = (1 - \frac{z^2}{a^2})\ b^2$$

3. 开方

$$x = \sqrt{b^2(1 - \frac{z^2}{a^2})}$$

$$x = b\sqrt{1 - \frac{z^2}{a^2}}$$

很显然，我们是把 X 向作为因变量，Z 向作为自变量。在数控车床加工非圆曲线时，通常都这么做。当然也可以把 X 向作为自变量，Z 向作为因变量。但在加工过象限的曲线时，会遇到问题。

化简解决以后，就可以进行下一步操作了。至于如何化简，可以多参考例子。

现在看第二个问题：确定因变量、自变量。

其实自变量或因变量，在化简方程的时候就已经确定了。比如本例以 X 向为因变量，什么意思呢？也就是说，当 Z 的值发生变化的时候，X 的值也会跟着发生变化。它们俩有"因果"关系。在此真正要说明的是，方程中的 X、

Z表示椭圆曲面上某个点的坐标值。我们知道，不论是圆弧、直线或者曲线，它们都是由无数个小点组成的，然后点与点之间用小线段连接起来。只不过点与点之间的距离非常小，肉眼无法观察罢了。

取椭圆曲线上的几个点来看下。

例 4-3 （图 4-2）

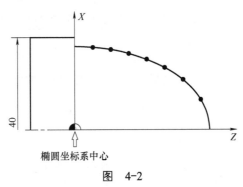

图　4-2

在例 4-3 中，在椭圆轮廓上随意取了几个点。正是这些点组成了椭圆曲线。方程中的 X、Z 就表示某一个点在椭圆曲线坐标系中的位置。**如果让这个点的位置不断发生变化，并且用线段依次连接，这就成了椭圆**！如果点的位置互相紧密，那么椭圆曲面就会光滑；反之"棱角"就会突出。

关于第三点，会在程序中说明，这里就不介绍了。下面可以编制第一个曲线的宏程序了（**注意，例 4-4 中的零件坐标系原点与椭圆坐标系原点重合，也就是在椭圆坐标系中心**）。

例 4-4

……

G0 X0 Z32

G01 Z30 F100

#1=30　　（为什么是 30，不是 27 或者 19.65 或者其他数值？）（首先这个

　　　　　　#1 表示曲面某个点的 Z 坐标（相对于椭圆曲线原点而言，非零

件坐标系），那么由图样可以看到，这个椭圆是从最右边的旋转中心开始的。而最右边的旋转中心，距离椭圆坐标中心点的长度是 30，所以#1=30。如果用#1 表示某个点 X 坐标，那么#1 的值就是 0。因为最右端旋转中心，其 X 向起点是 0）

WHILE [#1 GE 0] DO1

（为什么#1 大于等于 0 的时候，就要循环 DO1 与 END1 之间的距离？）（因为图样上椭圆 Z 的最后一个点的坐标是 0（依然参考的是椭圆自身的坐标系），所以当#1 的结果大于等于 0，就表示没车完。因此要不断循环，直至加工结束）

#2=2*18*SQRT[1−#1*#1/30/30]

（#2 表示 X 向的坐标点。这一步没什么，只是把数学方程转化成了宏程序语句格式。这里要注意的是"30/30"。而不是 30*30。如果一定要写成乘号，则需要加括号，即（30*30）。另外这里之所以乘以 2，是因为方程的结果计算好后是单边的 X 值，而数控系统一般采用直径值编程）

G01 X#2 Z#1 F150

（用 G01 直线段连接点与点）

#1=#1−0.1

（把#1 的值每次递减 0.1mm。这个值不能取的过大，太大的话会导致曲线表面不光滑，棱角明显！）

END1

G0 X100

Z100

M30

程序写完了，读者应该在大脑里"模拟"刀具轨迹，看看对不对。

首先当#1=30 的时候，开始执行 WHILE 语句，条件成立！于是进入循环部分。执行到了#2=...，由于#1 的值是 30，所以#2 可以计算出来，等于 0。计算好后，执行到下一行 G01...。在这行，开始加工零件了。此时刀具在（X0 Z30）位置。然后开始执行#1=#1−0.1 这行。这时候#1 结果自减后，变成 29.9。然后返回到 WHILE 语句开始判断，条件依然成立。于是继续执行循环体。这时候又来到了#2=...这行！由于#1 的结果是 29.9，所以#2 的结果也变化了，不再是 0。经过计算，#2 此时的结果是 2.94。之后执行下一行 G01...，此时刀具在（X2.94 Z29.9）的位置，已经从第一个点走到了第二个点。最后#1 再次递减，变成 29.8。然后又回到了 WHILE 语句做判断，以此类推。一直到#1 的结果不满足条件为止。

可以想象一下，当#1 的结果是 0 的时候，X 值就是 36。意味着刀具位置在（X36 Z0）处。而到了这里，椭圆也车好了，再次判断时#1 就不满足条件，于是退刀。

当然图 4-1 的图样也可以用 IF...GOTO 编程。程序如下：

例 4-5

```
……

G0 X0 Z32

G01 Z30 F100

#1=30

N1 #2=2*18*SQRT[1-#1*#1/30/30]

G01 X#2 Z#1 F150

#1=#1-0.1

IF [#1 GE 0] GOTO1

G0 X100
```

Z100

M30

两种语句其实都一样，这里不用深入研究。

但是，在上面的程序中，使用的坐标系原点不在零件右端的旋转中心，而是和椭圆坐标系中心重合。实际加工中，零件坐标系原点一般都在右端旋转中心，如果这样的话，我们的程序该如何编写呢？或者说，这两者应该怎么转化呢？

其实我们思考下就会发现，如果把上述程序按照原点在右端来计算的话，程序的 X 值是不存在问题的，但 Z 向就有问题了，第一刀就出了问题！

程序第一刀在（X0 Z30）处。但应该在 Z0 才对。然后 Z 值依次是-0.1、-0.2、-0.3 等，一直到-30 结束。如果按照上述程序加工的话，最后一刀 Z 值是 0，相对于坐标原点在右端中心的零件而言，这才刚刚碰到端面呢！所以，程序中的 Z 向尺寸要做如下处理。

例 4-6

……

G0 X0 Z32

G01 Z30 F100

#1=30

N1 #2=2*18*SQRT[1-#1*#1/30/30]

G01 X#2 **Z[#1-30]** F150　　（不再是直接的#1，而是#1-30！）

#1=#1-0.1

IF [#1 GE 0] GOTO1

G0 X100

Z100

M30

让我们把程序分析下就明白了。

当没处理 Z 向的时候，它的第一刀位于零件端面右边 30mm 处（因为 #1=30），而我们需要的是 0。那么如何把 Z30 变为 Z0 呢？方法有两个：

1. Z[30-#1]

2. Z[#1-30]

上面这两个第一刀都在 Z0，但是第二刀对不对呢？按照程序的逻辑，第二次时#1 的结果是 29.9，这个值带进去计算就行。

1. Z[30-#1] <==> Z0.1

2. Z[#1-30] <==> Z-0.1

写到这，读者不难发现。第二个是正确的！因为刀具要向左边移动，那么 Z 肯定是负值。如果用第一种方法，那么 Z 向将越车越远。

所以可以在这里做个总结：

1）当#1 的初始值不确定是多少的时候，那么就看图样中曲线第一个点（Z 向起点或者 X 向起点）距离椭圆中心的距离。这个距离就是#1 的初始值。

2）在判断变量变化终点的时候，只要看曲线的最后一个点相对于曲线坐标原点的位置就行。比如本节例题，#1 的终点是 0。因为这是曲线 Z 向上最后一个点，这个点相对于椭圆坐标而言它在 0 处，就这么简单。

3）当判断类似"Z[#1-30]"这一步的时候，如果读者发现第一刀起点并不在加工需求起点时，可通过"手段"让它在需要的位置上！比如上例中的#1-30。这么一来，Z 起点就是 0，符合图样的加工起点需求。

4）写程序的时候，一定要养成脑海中模拟刀具轨迹的习惯。这将对你以后写宏程序有极大的帮助。可以做到手到擒来。

请读者一定要吃透本节的内容。非常关键！

4.2　椭圆其他形态的宏程序编制思路与实例

本节学习要点

1. 掌握坐标不共轴的程序编制思路

2. 掌握竖椭圆的程序编制

3. 掌握"过 1/4"椭圆的程序编制

上一节中讲到了椭圆曲线的宏程序编制，但在实际加工的时候，椭圆形态可能没我们想象的那么"乖"。如图 4-3～图 4-6 所示几幅图样。

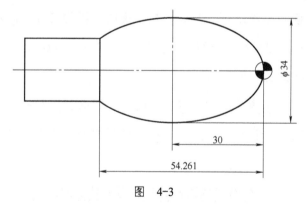

图　4-3

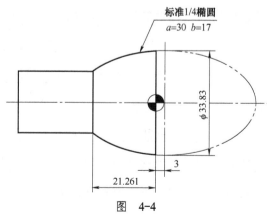

图　4-4

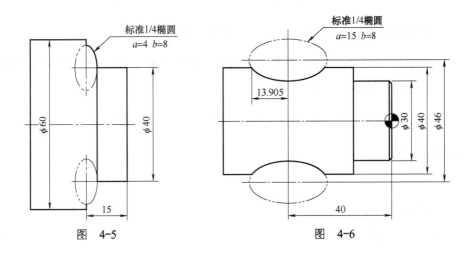

图　4-5　　　　　　　　　　　图　4-6

上面 4 幅图样椭圆形态各异。但它们的核心思路是一样的。下面我们来一一解答。

首先看第一份图样。

例 4-7（图 4-7）

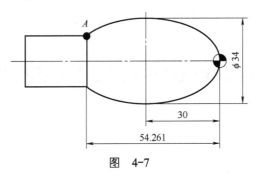

图　4-7

我对图 4-7 做了个标记，点 A。这个椭圆与我们所见到的椭圆不同之处在于，它非 1/4 椭圆，而是超过了一半。所以我们的第一反应是该变量的终点不应该再是 0，而是别的数。

仔细想想上一节做总结的时候，说过"**在判断变量变化终点的时候，只要看曲线的最后一个点，相对于曲线坐标原点的位置就行。**"所以，图 4-7 中曲线最后一个点是 A，它相对于椭圆坐标中心的 Z 向距离是：54.261-30=24.261。

切记，是相对于椭圆坐标中心，而不是零件坐标！

但是，点 A 是不是 24.261 呢？不是！正确的值是：-24.261。因为点 A 在椭圆坐标中心的左端，所以是负值。

经过以上分析，可以试着写写加工程序了（仅椭圆部分）。

例 4-8

……

G0 X0 Z2

G01 Z0 F100

#1=30　　　（因为曲线起点距离椭圆坐标中心的 Z 向是 30mm）

WHILE [#1 GE-24.261] DO1

#2=2*17*SQRT[1-#1*#1/30/30]

G01 X#2 Z[#1-30] F100　　　（之所以#1-30，请参考前一节）

IF [#1 EQ-24.261] GOTO1　　　（防止死循环）

#1=#1-0.1

IF [#1 LT -24.261] THEN #1=-24.261　　　（考虑到不能被整除的情况）

END1

N1 G0 X100

Z100

M30

其实图 4-3 中的椭圆和之前遇到的是一样的，只不过#1 的判断终点不是 0，而是-24.261。但为什么是-24.261，这个一定要弄明白！

接下来看看第二份图样。

例 4-9

在图 4-8 中，我标记了两个点，分别是点 A、点 B。然后再结合图样发现 A、B 两点分别是零件中椭圆曲线的起点与终点。这两点相对于椭圆自身坐标系的位置分别是：-3、-24.261（注意不是-21.261）。所以我们自然而然地就想到#1 的初始值是-3，终止值是-24.261。下面开始编制程序。

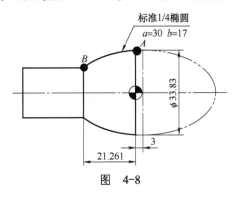

图 4-8

例 4-10

......

#1=-3

N1　#2=2*17*SQRT[1-#1*#1/30/30]

G01 X#2 Z[#1+3] F100

（这里为什么变成#1+3 呢？由于#1 是-3，

而加工的起点是 Z0，那就-3+3 好了）

IF [#1 EQ -24.261] GOTO2 （防止死循环）

#1=#1-0.1

IF [#1 LT -24.261] THEN #1=-24.261 　（考虑除不尽的情况）

IF [#1 GE -24.261] GOTO1

N2 G0 X100

Z100

M30

在图 4-8 中，特别要注意的是判断终点。如果被图样尺寸误导加工就会出问题。另外在 Z[#1+3]这一步要明白为什么是加！

现在来看看第三份图样。

例 4-11 （图 4-9）

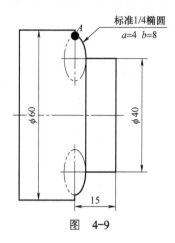

图 4-9

图 4-9 中的椭圆比较特殊，它是竖着的，另外在 X 向还发生了偏移。首先解决"竖"的问题（**"竖椭圆"不是专业术语，但是本书重在让读者从形象的描述中学习到知识！弄一堆专业术语，不是作者的目的**）。

椭圆之所以竖着，是因为长、短半轴对调了。所以在编程的时候，把长、短半轴对调即可，没其他复杂的。

但是 X 向发生了偏移怎么弄呢？先看图中的点 A，它是椭圆 X 向的最高点。如果没发生偏移，它的 X 坐标应该是 16。但在图样中它却是 56 的位置。这是为什么？

因为椭圆的坐标基于 ϕ40mm 的外圆之上。也就是说实际加工的时候，在 X 向都要加上 40，这样才能车出合格的零件。如果没加 40 那就等着撞刀了！

看看程序该如何编写。

例 4-12

……

G0 X41 Z-10

G01 X40 Z-11 F100

#1=4

WHILE [#1 GE 0] DO1

#2=2*8*SQRT[1−#1*#1/4/4]

G01 X[#2+40] Z[#1−15] F100

> （因为椭圆 Z 向第一刀在−11 位置，而#1
> 第一次是 4，所以减 15 即可。而 X 向以 40
> 为基准起刀，所以要加 40）

#1=#1−0.1

END1

G0 X100

Z100

M30

由程序可知，不管横、竖椭圆道理都是一样的。

最后看看第四份图样吧！

例 4-13 （图 4-10）

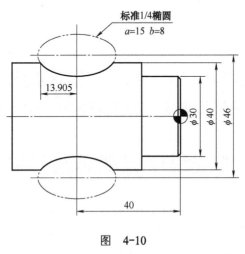

图 4-10

图 4-10 在形态上也是在 X 向发生了偏移，但是它的椭圆轮廓是凹下去的。

在潜意识里，如果凸椭圆是加，那么凹椭圆轮廓就是减了。没错，是这么回事！

例 4-14

……

G0 X41 Z-26.095

G01 X40 F100

#1=13.905

　　　　　　　　（这个椭圆两边是对称的，所以起点与终止点都是 13.905）

WHILE [#1 GE -13.905] DO1

#2=2*8*SQRT[1-#1*#1/15/15]

G01 **X[46-#2]** Z[#1-40] F100 　　（利用椭圆中心距减去 X 向值就行）

IF [#1 EQ-13.905] GOTO1

#1=#1-0.1

IF [#1 LT -13.905] THEN #1=-13.905

END1

N1 G0 X100

Z100

M30

上面的 4 份图样仅仅是典型，我们**要学的是触类旁通。千万不能太死板**！

本节就到这里结束了，望读者朋友能够多找些其他例子练习。

4.3　抛物线的宏程序编制思路与程序实例

本节学习要点

1. 掌握抛物线的方程化简、转换方法

2. 掌握例题中的程序

上一节中讲到了椭圆曲线的宏程序编制，还补充了其他形态。本节开始讲解抛物线的宏程序编制。

其实不管什么类型的二次曲线，思路和方法都是一样的。唯一不同的是它们的方程。我们直接看图！

例 4-15　（图 4-11）

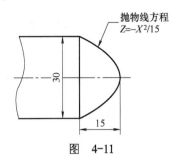

抛物线方程
$Z=-X^2/15$

图　4-11

上面这个抛物线的方程，是用 X 作为自变量的。而前面讲过一般用 Z 作为自变量比较好。这里就用这个方程，把 X 作为自变量试试，看如何编程。

首先看到图样，要能想到一个关系：当 X 为 0 的时候，Z 也为 0；X 为 15 的时候（单边），Z 就是 15，当然还有个负号。另外，图 4-11 中 X 的变化范围应该是 0～15。因为零件最终最大外圆就是 30mm。想到了这些，就可以编程了！

例 4-16

……

#1=0　　　　　（这里#1 代表 X 点）

WHILE [#1 LE 15] DO1

　　　　　　　　（这里为什么是小于等于 15 呢？因为当 X 的值
　　　　　　　　是 15 的时候（直径值 30），零件才算车完）

#2=-#1*#1/15　　　（#2 就表示 Z 点的坐标）

G01 X[2*#1] Z#2 F100

（这里的 Z 向不需要符号，是因为在#2 的方程

这一步已经添加了）

#1=#1+0.1

END1

……

上例就是用 X 作为自变量的程序，如果用 Z 作为自变量，需要把方程做一个转换，即：$X=\sqrt{15Z}$ 。

或许读者会问为什么负号不见了？其实方程里的负号只是决定 Z 走向的。可以暂时把它去掉，然后在程序里加上就行，不然带着负号一起转化方程，说不定会把你弄糊涂。下面看看程序吧！

例 4-17

……

#1=0

（这里#1 代表 Z 了。为什么是 0 开始？如果你不知道怎么定初始值，那就把 0 或者其他数据带到方程算出 X 的值。但是由图样可以知道，第一个点的 X 坐标肯定是 0。因为刀具要从（0，0）处加工。因此，初始值只要满足 X 第一刀在零位，那么这个初始值就找对了！所以 $X=\sqrt{0\times15}=0$ ）

WHILE [#1 LE 15] DO1

#2=SQRT[#1*15]*2　　　（计算 X 的坐标点）

G01 X#2 Z-#1 F100

（这里如果 Z 不加负号，那么走刀方向就反了。因为 Z 的值是越加越大，前面没有负号的话，那么它是从 0 走到 15，而不是 0 到-15 了。这里就是前面所说的

"可以暂时把它去掉，然后在程序里加上就行"）

#1=#1+0.1

END1

……

由此可见，宏程序非常灵活。当你慢慢体会到这一点的时候，可以做到"随便整"。切记思路第一，程序只是表达思路的手段。

正如前面的椭圆一样，抛物线在零件中也有很多形态，下面让我们一起看看吧。

例 4-18 （图 4-12）

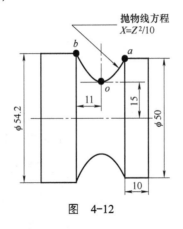

图　4-12

图 4-12 的抛物线开口向上。与第一个例题有所区别。

不用管它上面开口朝哪，只要知道方程在哪，然后找出数据关系，其他的数学问题统统不用管。

分析图样可以得知，这个抛物线是位于外圆之上的。但这里有个问题，抛物线在图样中貌似是"凹"下去的，那是不是和椭圆一样，用中心高减去双边 X 值呢？这个结论我觉得下得有点早，最简单的方法就是把数据带进去算，我们试试看！

首先点 a 的 Z 向位于抛物线自身坐标原点的位置是 10（从方程处得知）。

如果把 10 带到方程里面算算 X 点的位置，就会发现也是 10（直径值 20）。但图样中该点的 X 向应该是 50。貌似还差个 30，但是别忘记还有个中心高度呢！

从图 4-12 中可以看到，中心高是 15，直径值不就是 30 吗？那么 30 加上 20 不就是 50 了？所以，这里的抛物线看起来是凹的，但不代表肯定是减！

因此，读者一定要学会分析问题，看本书的真正目的，我觉得是学解决问题的思路，且不拘一格！

现在可以编写程序了。

例 4-19

......

#1=10

N1 #2=#1*#1/10

G01 X[#2*2+30] Z[#1-20] F100

（这里的 Z[#1-20]之所以减去 20，是因为#1 初始值是 10，而且不能改动它。但该点位于零件坐标系的位置是-10，那么 10 减去多少是-10 呢？答案是 20）

#1=#1-0.1

（当#1 每次减 0.1 的时候，刀具轨迹就是-10.1、-10.2、-10.3...一直到-31 结束）

IF [#1 GE -11] GOTO1

......

再看一个内轮廓的形态吧。

例 4-20 （图 4-13）

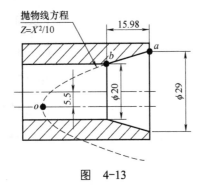

图 4-13

这幅图样乍一看比较复杂，尺寸也比较多，首先我个人习惯是把方程转换一下：$X = \sqrt{10Z}$ 。

然后分析#1 的初始值（即抛物线第一个点的 Z 坐标）。

在实际加工时，起点 a 的 X 坐标是 29，但要找#1 的初始值，就得考虑抛物线自身坐标系。所以起点 a 的坐标不是 29，而是 29/2+5.5=20。那把 20 带到方程算算，看#1（即 Z 起点）的初始值是多少。经过计算，初始值应该是 40。所以#1 的初始值就是 40。

其次再看看该抛物线的判断终点是多少。

由于图样中，实际抛物线轮廓长度是 15.98mm，而#1 的起始值是 40，那么终点是 40-15.98=24.02。也就是说，当#1 的值还大于等于 24.02 的时候，就还没加工完！

现在可以编制程序了！

例 4-21

……

#1=40

WHILE [#1 GE 24.02] DO1

#2=SQRT[#1*10] *2

　　　　　G01 X[#2-5.5*2] Z[#1-40] F100

　　　　　　　　　　　　　　　　（这里的 X 之所以用#2-11，是
　　　　　　　　　　　　　　　　因为#2 的值算第一次出来时
　　　　　　　　　　　　　　　　40，只有减去 11，才是 29，符
　　　　　　　　　　　　　　　　合图样加工需求）

　　　　　IF [#1 EQ 24.02] GOTO1　　（不解释了。前面讲了很多类
　　　　　　　　　　　　　　　　似的）

　　　　　#1=#1-0.1
　　　　　IF [#1 LT 24.02] THEN #1=24.02　（这里的目的是防止不能整除）
　　　　　END1
　　　　　N1　G0 X19
　　　　　Z100
　　　　　X100
　　　　　M30

　　本节到这里就结束了。类似的零件并不多见，但为了后面的异型螺纹学习，务必完全掌握这些曲线的程序编制！

4.4　摆线的宏程序编制思路与程序实例

本节学习要点

1. 了解摆线

2. 掌握例题程序的编程思路

　　摆线在实际生产中遇到的概率不大，在技能大赛里遇到的也不多。但不

管怎么说，摆线让人看起来还是很可怕的。因为它的曲线方程很令人头疼！让我们看看图样。

例 4-22 （图 4-14）

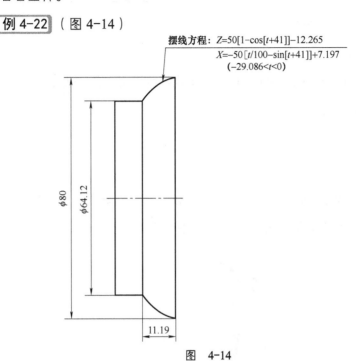

摆线方程：$Z=50[1-\cos[t+41]]-12.265$
$X=-50[t/100-\sin[t+41]]+7.197$
$(-29.086<t<0)$

图 4-14

看到上面的方程相信不少读者已经懵了。其实我们不是来学数学的，所以根本不必理会方程的含义。

首先让我们看看方程的自变量。很明显这里的自变量是 t！而且给出了数据范围。那根据前面所讲的内容，只要把数据带到方程计算，然后 G01 指令拟合就行。建议读者遇到这种类型的题目，直接拿出计算器算，马上就知道该如何取值了！

还是直接上程序吧。

例 4-23

#1=0 （从 0 变化到-29.086）

N1 #2=-50*[#1/100-SIN[#1+41]]+7.197

$$\#3=50*[1-COS[\#1+41]]-12.265$$　　　（原封不动地照抄。其中**#2** 表示

X 向，**#3** 表示 **Z** 向 ）

G01 X[#2*2] Z#3

#1=#1−1

IF [#1 GE −29.086] GOTO1　　　（这里就不考虑是否整除了）

G0 X100

Z100

M30

上面的程序就是加工该曲线段的。不必深究，只要给了方程就没有不好做的曲线。让我们看看加工效果图（见图 4-15 ）。

图　4-15

本节到这就结束了，以后遇到陌生的曲线直接用计算器算他的数据，效率很高！

第 5 章

常用直面大螺距螺纹宏程序编制

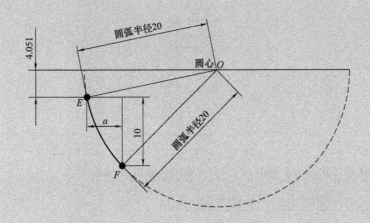

5.1　矩形螺纹参数计算、思路解析与宏程序编制

1. 牢记矩形螺纹的参数计算公式

2. 完全吸收矩形螺纹的加工思路

3. 掌握例题程序的编程方法

如果说宏程序在数车加工中，哪一块具有很高的价值，那么无疑是大螺距螺杆的应用了。第 4 章讲解的非圆曲线，其实也是为大螺距螺杆做铺垫。因为有些螺杆的牙型是非圆曲线形。

本节讲解的是矩形螺纹。

说到矩形螺纹，它主要用于传动机构，特点是传动效率较其他螺纹高。但对中精度低，牙根强度弱，同时其精确制造比较困难。此外计算还是比较容易的。

理论上讲，矩形螺纹的牙型为正方形。但由于内外螺纹配合时必须有间隙，所以实际牙型并不是正方形。它的基本尺寸计算公式如下：

例 5-1　（图 5-1）

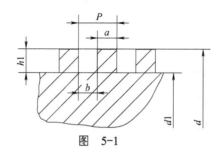

图　5-1

牙槽宽度（b）＝0.5 螺距（P）＋（0.02～0.04）mm

齿宽（a）＝螺距（P）－牙槽宽度（b）

牙高（*h1*）=0.5 螺距（*P*）+（0.1～0.2）mm

螺纹小径（*d1*）=螺纹大径（*d*）－2 牙高（*h1*）

所以车削矩形 50mm×8mm 螺纹时，它的各个部分的计算如下：

牙槽宽度=0.5×8+0.02=4.02

齿宽=8-4.02=3.98

牙高=0.5×8+0.1=4.1

螺纹小径=50-2×4.1=41.8

基本理论学习完毕，可以看看具体的零件图样了。

例 5-2

图 5-2 是要加工矩形 60mm×10mm 螺纹。可以根据公式算出所需参数。但重点并不是计算，而是刀具轨迹。

在加工矩形螺纹的时候，由于刀具也是方头的（类似于切槽刀）。所以一般采用直进法加工。但当螺距较大、牙槽宽度比刀具宽度大的多时，需要借刀。借刀的方式也有很多种，总的来说，你想怎么借刀，那就怎么编程。本例将采用两种借刀方法供读者参考。

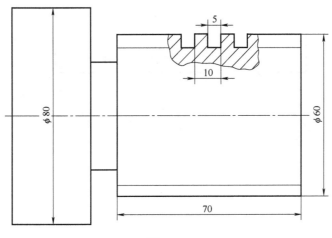

图　5-2

方法一：X向分层，Z向借刀

加工思路分析：

当采用方法一加工时，我们至少需要做两次判断。**第一次是判断有没有车到某个深度。第二次是，在对应的深度上进行Z向借刀时，牙槽宽度有没有借到位。**

对X向切削深度分层，其实就是每一刀的背吃刀量。在这里取每刀0.1mm（背吃刀量在实际加工时，可根据零件材料与刀具材料自行取值）。

在Z向借刀的时候，由于刀具自身有宽度，所以实际要借的长度是：**牙槽宽度–刀具宽度。** 上面这两点弄清楚后，让我们再想一想程序的结构。

如果要在当前某个深度上进行Z向借刀，说明**借刀这一步一定在X切削深度循环之内，并且X切削深度在Z借刀完毕之前不能改变（见图5-3）。** 也就是说程序的结构是两层嵌套。弄清这一点，可以试着编写方法一的程序了。首先根据图样可以计算出需要的参数。

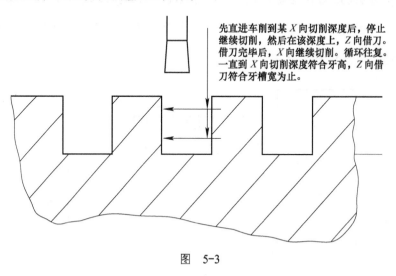

先直进车削到某X向切削深度后，停止继续切削，然后在该深度上，Z向借刀。借刀完毕后，X向继续切削。循环往复。一直到X向切削深度符合牙高，Z向借刀符合牙槽宽为止。

图　5-3

例 5-3

牙高=0.5×10+0.1=5.1

牙槽宽度=0.5×10+0.02=5.02

剩余牙槽宽度=5.02–3=2.02　　（需要借刀的距离。这里槽刀刀宽为 3mm，所以要减去刀宽）

螺纹小径=60–2×5.1=49.8

程序如下：

T0202（矩形螺纹车刀，刀宽 3mm）

S450 M3

G0 X60 Z15

#1=0　　　　　　　　　　　　（用#1 表示单边牙高）

WHILE [#1 LE 5.1] DO1　　　**（既然#1 表示牙高，那么它的值如果小于等于 5.1，说明没车完。并且每刀的切削深度应该表示为 60–2*#1）**

G0 X[60–2*#1]

G32 Z–73 F10

G0 X62

Z15

#2=0　　　　　　　　　　　　（#2 表示 Z 向借刀的初始值，也就是说#2 需要不断加到剩余的槽宽）

WHILE [#2 LE 2.02] DO2　　　（由于剩余的槽宽是 2.02mm，所以#2 的值如果小于 2.02mm，那么说明没借完）

G0 X[60–2*#1]

Z[15–#2]

G32 Z–72 F10

G0 X62

Z15

#2=#2+2.02 　　　　　　　　（由于剩余的槽宽只有 2.02mm，比刀具宽
　　　　　　　　　　　　　　度小，所以可以一刀借完）

END2

#1=#1+0.1 　　　　　　　　（牙高每次减去 0.1mm，即背吃刀量 0.1mm）

END1

G0 X100

Z100

M30

在上述程序中，如果 Z 向借刀的长度比刀宽大，那么就只能借刀具宽度的 90%最佳。并且在判断的时候，需要考虑能否整除的问题。背吃刀量也是一样。这一点在前面已经讲解过，这里不再赘述。

另外，程序可以简化，不需要这么"清晰"。当然，这里作为讲解，同时也考虑到很多朋友是初次接触，所以不得不这么写。如果读者有一定的宏程序基础，可以试着把程序简化。

让我们看看程序仿真、借刀效果图：

图 5-4 就是在车削好每一层 X 向深度后，会同时 Z 向借刀。再看一下成品效果图，如图 5-5 所示。

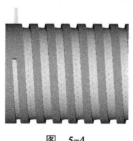

图　5-4

图　5-5

现在让我们再看看其他方法。

方法二：中途不需要 Z 向借刀（见图 5-6）

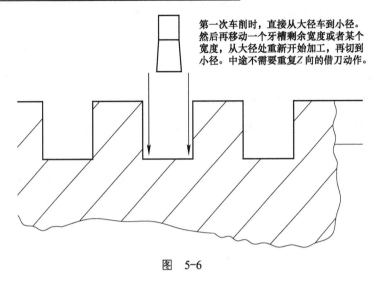

第一次车削时，直接从大径车到小径。然后再移动一个牙槽剩余宽度或者某个宽度，从大径处重新开始加工，再切到小径。中途不需要重复Z向的借刀动作。

图　5-6

分析一下方法二的加工思路：

如果用该方法车削矩形螺纹，程序结构就更清晰了。只需要在 X 向单独操作就行。一直车到牙底为止。从这一点看，完全可以写两个单独的循环程序，只不过这两个程序之间，**错开一个剩余的牙槽宽度而已**。直接上程序。

例 5-4

T0202　　（矩形螺纹车刀，刀宽 3mm）

S450 M3

G0 X60 Z15

#1=0　　（把牙高初始设为 0 依次累加到 5.1 就行）

WHILE [#1 LE 5.1] DO1　　　　（同理，如果#1 的值没到 5.1，说明没车完，继续循环）

G0 X[60−#1*2]

Z15　　　　　　　　　　（这里 Z 向没有发生偏移）

G32 Z−72 F10

G0 X62

Z15

#1=#1+0.1

END1

#1=0   （对#1重新赋值）

WHILE [#1 LE 5.1] DO1   （没到5.1，就继续循环加工）

G0 X[60−#1*2]

<u>Z[15−2.02]</u>   **（这一步很关键。在Z向移动了2.02）**

G32 Z−72 F10

G0 X62

Z15

#1=#1+0.1

END1

G0 X100

Z100

M30

让我们看下加工效果图：

很明显，方法二是先切好第一层总深，然后再移动一个距离，进行第二次深度加工（见图5-7）。与方法一的最大不同在于：**车削过程中，Z向没有借刀动作！** 图5-8是加工完毕效果。

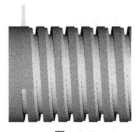

图 5-7   图 5-8

上述程序虽然可以加工出零件，但程序显的不够紧凑。那有没有逻辑紧密且在一个程序内完成该动作的方法呢?

　　方法还是有的。该方法两大层车削的不同之处在于:第一大层 X 车完后,需要在 Z 向移动一个距离,然后继续直进车削第二大层的 X 向余量。此时第一层和第二层的 X 向切削深度动作是完全一致的!如果能够在程序中做到"改变 Z 起点"的话,然后 X 向切削深度用同一个循环程序,就可以在一个程序内加工该螺纹了。让我们试试看!

例 5-5

T0202 　(矩形螺纹车刀,刀宽 3mm)

S450 M3

G0 X60 Z15

#1=0 　　(表示牙高)

#2=0 　　(表示 Z 向移动的距离)

#3=0 　　(关键参数!用于判断是否退出循环)

WHILE [#1 LE 5.1] DO1

IF [#1 EQ 0] THEN #3=#3+1

IF [#3 EQ 3] GOTO2

G0 X[60–#1*2]

Z[15–#2]

G32 Z–72 F10

G0 X62

Z15

#1=#1+0.1

IF [#1 EQ 5.1] THEN #1=0

IF [#1 EQ 0] THEN #2=2.02

END1

N2 G0 X100

Z100

M30

大致看下程序，会发现循环语句内用了四条"IF"语句，正是这四条"IF"语句才得以让程序"合二为一"。

乍看之下有点懵，一步步分析后就没那么懵了。

1）如果要在一个循环程序内完成两个动作，那么当#1从0加到5.1，Z向开始错开一个距离时，X向应该是从60mm处重新加工。而#1已经是5.1了，该如何把#1的值改为0呢？很简单，对#1重新赋值即可。因此程序中使用了"IF [#1 EQ 5.1] THEN #1=0"语句。它的意思是，如果#1的值变为5.1的时候，说明第一大层X向已经车完，需要车第二大层了。所以就把#1的值重新赋值为0。

2）对#1的重新赋值，解决了X向重新车削的问题。那么在第二次切削时，Z向需要偏移一个距离（即剩余的槽宽），所以程序中对#2做了个"手脚"。

在第一大层全部车完后需对#1重新赋值为0，那么在程序中我只要判断#1的结果是不是又为0了，就能知道是否需要对#2进行处理。因此程序中"IF [#1 EQ 0] THEN #2=2.02"这一步就是当#1重新被赋值为0的时候，对#2也开始重新赋值。一旦#2有了新的结果，那么语句"Z[15-#2]"开始产生效果，实现Z向位移。

所以不难发现，分析中的第一和第二步是同时被执行的！

上述两个问题解决了，是不是程序就对了呢？其实不然。对#1、#2的处理并不是该程序的核心，而是如何跳出死循环。初学的朋友或许会问，怎么会有死循环了呢？分析如下。

当#1被重新赋值为0，且#2也同时被赋值为2.02的时候，程序开始执行第二大层的加工。但是当#1的结果又变为5.1时，#1紧接着被立刻赋值为0，同时#2也被赋值了。我们会发现此程序不论怎么车，就是出不来。因为#1的值满足条件就会被重新赋值，一旦#1为0，是满足循环条件的！所以程序中的#3是关键所在！该变量一开始被初始化为0，在程序刚执行的时候，由于#1初始值是0，所以语句"IF [#1 EQ 0] THEN #3=#3+1"执行后，#3 的结果是 1。这是第一次被执行。第二次是在准备车削第二大层的时候，#1 被语句"IF [#1 EQ 5.1] THEN #1=0"重新赋值为 0。一旦#1 为 0，那么"IF [#1 EQ 0] THEN #3=#3+1"就会执行，这时候#3 的结果是 2。当#1 第二次执行完毕，它的值是 5.1。在遇到"IF [#1 EQ 5.1] THEN #1=0"又被重新赋值为 0。

这时候程序开始返回到循环开头处执行，此时"IF [#1 EQ 0] THEN #3=#3+1"语句又执行了，#3 的值就是 3。而下一行便是判断语句了"IF [#3 EQ 3] GOTO2"。如果#3 的结果等于 3，就跳转到 N2 段。而程序中 N2 段位于"G0 X100"处，于是就开始退刀，程序结束！

最后一个程序，它的逻辑性比前面两个要强，**如果你是初学者可以暂时不深究第三个程序**。把前两个完全掌握即可。事后要找图样练习！

5.2 梯形螺纹参数计算、思路解析及宏程序编制

本节学习要点

1. 如何定位牙型上"斜坡"的点

2. 了解参数的计算方法

3. 掌握例题中的程序

梯形螺纹在实际中应用非常广泛，主要用于传动机构。例如卧式车床的丝杠、千斤顶等。所以本节将详细探讨梯形螺纹的宏程序编制及刀具轨迹分析。

说到刀具轨迹分析，不得不说一个非常重要的概念——定位点。

这里的定位点不是我们平常所说的"安全距离"，而是把牙型的点定位出来！

什么意思呢？就是说如果需要加工梯形螺纹，只要在安全距离处，先定位好"齿形"的形状，然后直接用 G32 车过去！比如要加工圆弧牙型的螺纹，那就在安全距离处定位出圆弧上的每个点，然后**依次**用 G32 车削。如此一来就能加工出圆弧螺纹了（后面会讲到）。本节要加工的梯形螺纹也是同一道理。

先看看如何定位出这些"斜坡点"吧！

例 5-6

如图 5-9 所示，这些黑点该怎么求呢？而且这斜坡有很多"黑点"，难道都自己事先算好？其实不用，先来解决黑点如何求的问题。

这些点在斜坡上，让我们做一条辅助线，如图 5-9 所示。

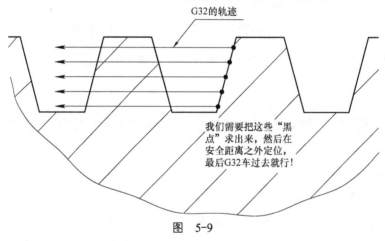

图 5-9

例 5-7（图 5-10）

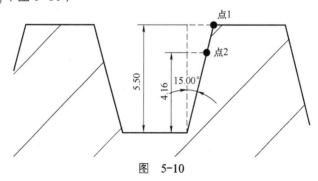

图 5-10

由图 5-10 可知，当完成两条辅助线时，形成了直角三角形！并且知道它们的夹角是 15°（30° 梯形螺纹），所以我们很自然地就能想到如何求点 1、点 2。

比如要求点 1 时，根据第 1 章的知识可以用 tan 函数算出来。即 5.5tan（15°）。这时点 1 的位置就求好了；如果要求点 2，就用 4.16tan（15°）。但是这样的点肯定有很多，都要自己一个个求出来吗？

说到这我们又可以发现，点的位置其实是随着高度的变化而变化的。当高度为 5.5 的时候，点的位置是某某，为 3 的时候又是某某。而 "15°" 这个量是个定值，完全可以用一个变量表示高度，然后让这个高度不断变化，那么每个点的位置也就能求出来了。这个问题会在下面的程序里实现。

"点" 的问题解决了，还得解决一个非常关键的问题——粗加工！如果只是纯粹按照 "牙型" 来走的话，那么轨迹是精加工。很明显不能直接用于加工。所以粗加工才是要解决的核心问题。

首先读者肯定在其他机械类书籍中看到过梯形螺纹的加工方法，大致上分为直进法、斜进法和左右借刀法。其实在实际加工中，你想用什么样的方法都可以，只要在加工的时候不 "扎刀" 就成。特别在数控车床的加工里，你想用什么样的方法，就编出对应的程序。在本书中我给大家提供的是 "先中间，后两边的方法"，且成型刀与切槽刀都可以用。其刀具轨迹如下。

例 5-8（图 5-11）

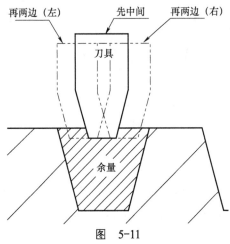

图　5-11

由图 5-11 的刀具轨迹可以发现，每当直进切完一小层后，刀具不再继续 X 向切削深度，而是停在当前的深度，往两边赶刀。可能有读者会问，为什么不切得深一点然后再两边借刀呢？因为这个程序还要考虑到切槽刀加工呢！如果切入过深，那么如果用切槽刀加工的话，很可能会扎刀。另外，此方法不会因为每层切得少而降低效率。其实真正加工时效率是很高的，因为在 Z 向赶刀的时候，会以刀宽的 90% 长度作为赶刀量。

刀具轨迹分析完毕，开始准备编制程序了。在编程之前先看看还有哪些数据是要求出来的。

我们发现在刀具轨迹分析这一步提到了 Z 向借刀。那么 Z 向借到什么距离停住呢？而且本节一开头也讲过"点"的问题，它随着高度变化而变化。那么高度变化了，当前高度所对应的总宽也变化了。所以接下来解决完上述问题，随后便"大功告成了"。

例 5-9 （图 5-12）

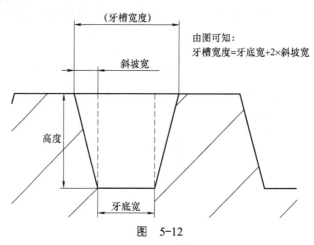

由图可知：
牙槽宽度=牙底宽+2×斜坡宽

图 5-12

由图 5-12 不难发现，牙槽的宽度与牙底宽、斜坡宽存在一个等式关系。而每车削新的一层深度时，高度就会变小，随之斜坡宽度就变短。从而导致整个牙槽宽度也跟着变化。所以"高度"这个量是非常关键的！

但是，大家别忘记牙槽宽度并不是图 5-12 计算的那样，因为使用的刀具也是有宽度的。所以真正的牙槽宽度应该是：**牙底宽+2×斜坡宽－刀具宽度**。这一步我把它称为**算法**。

现在开始正式编制宏程序啦！

例 5-10（图 5-13）

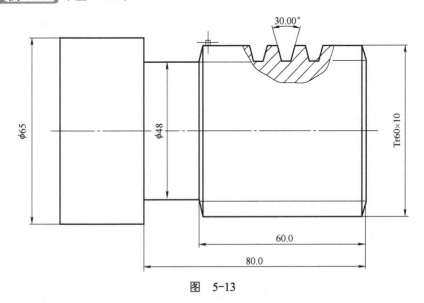

图　5-13

图样中的梯形螺纹是 Tr60×10。可以算出需要的一些数据信息。

牙高：0.5×10+0.5（后面的 0.5 是牙顶间隙）

牙底宽：0.366×10－0.536×0.5（刀具的宽度不能大于牙底宽）

螺纹小径：60－5.5×2=49

具体的梯形螺纹计算，可以看看其他工具书。至于牙槽的总宽是不断变化的，所以在程序里写出。

例 5-11

T0101　（3mm 宽度的切槽刀或成型刀）

S500 M3

G0 X65 Z10   **（这里的 Z10 是定位基准，也就是说后面程序中左右借刀的起点，都是以 10 为基准的）**

#1 = 5.5   （把牙的总高作为自变量，然后递减即可）

WHILE [#1 GE 0] DO1 （如果高度没车到 0，说明还没车到小径尺寸）

#10 = [0.366*10–0.536*0.5] + TAN[15] *#1*2–3（这个 3 是刀宽）

（#10 这一步非常关键！它是当前牙高所对应的牙槽总宽，也是后面进行两边借刀时的终点依据）

#11 = #10/2   （既然是两边都要借，那除以 2 均分既可）

G0 X[49+#1*2] Z10

（既然把#1 赋值为 5.5，而且第一刀得在 60 处开始车，所以很自然地就能想到，小径+双边牙高才等于大径，当#1 的值变化了，那就意味着"大径"也变了，从而实现进刀）

G32 Z–63 F10

G0 X65

Z10   （当加工到这时，说明 X 向进刀结束了。然后需要停在当前的深度上进行两边赶刀）

#2=0   （这里#2 表示借刀时的基准。从 0 增加到#11 结束）

WHILE [#2 LE #11] DO2

G0 X[49+#1*2] Z[10–#2]（先向左边借刀。由于要让刀具向左移动，就得减去#2 这个移动量）

G32 Z–63 F10

G0 X65

Z10

IF [#2 EQ #11] GOTO2   （这一步是防止死循环。前面章节有详细解释）

#2=#2+2.7   （这里的步距不大于刀宽即可）

IF [#2 GT #11] THEN #2 = #11   （防止除不尽）

END2

N2

#2=0   （重新把#2 赋值为 0，开始向右边赶刀）

WHILE [#2 LE #11] DO3

G0 X[49+#1*2] Z[10+#2]   （向右边借刀。所以拿基准 10 加上#2）

G32 Z–63 F10

G0 X65

Z10

IF [#2 EQ #11] GOTO3

#2=#2+2.7

IF [#2 GT #11] THEN #2 = #11

END3

N3

IF [#1 EQ 0] GOTO4

#1 = #1–0.2   （X 向背吃刀量为 0.2mm，单边值）

IF [#1 LT 0] THEN #1 = 0

END1

N4

G0 X100

Z100

M30

程序写完了，可以做一个总结。

在加工梯形螺纹时，主要是找到"牙高会变化"这个关键点。一旦牙高发生了变化，从程序中可以看到其他数据也跟着发生变化。所以掌握这个关键点后，本节算是看懂了。

利用仿真软件来看下车削时的状态（见图 5-14 和图 5-15）。

很明显，这是在 X 向上单向进刀。

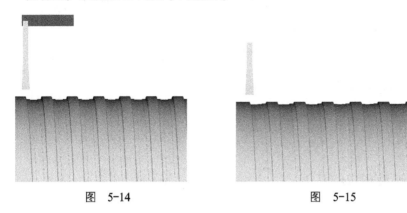

图　5-14　　　　　　　　　图　5-15

这里是在当前的深度上，往左边借刀。

这时右边也借刀完毕（见图 5-16）。

加工完毕（见图 5-17）!

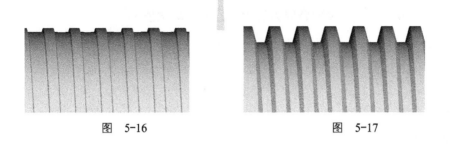

图　5-16　　　　　　　　　图　5-17

以上便是本节的内容。其实读者自己也可以定义其他的加工方法（刀具轨迹），只要找好它们之间的数据关系就行。

最后用一句话概括宏程序加工螺纹：**刀具轨迹决定一切！**

5.3　多线梯形螺纹思路解析及宏程序编制

本节学习要点

1. 掌握多线的概念及计算方法

2. 掌握在宏程序中如何实现分头

3. 完全吸收程序

上一节主要讲到了梯形螺纹的宏程序编制。那么本节是对前一节的延伸，着重讲解如何编制多线梯形螺纹。所以本节篇幅不会太长，但必须一样精彩！

谈到多线螺纹，其实就是在圆柱表面有多条螺旋槽。车床加工多线螺纹时，常用的方法是用小拖板移动一个螺距，或者是采用交换齿轮法。但在数控车床加工中不需要这么"累"，只要利用"角度"就能很好地解决这个问题。那么这个"角度"是怎么来的呢？其实角度的计算非常简单。**公式是：360°/线。**

有读者会问角度与线数的关系到底是什么？　其实单线螺纹，它对应的角度就是0°或者360°。3线螺纹的话，那么每一线对应的角度就是120°。也就是说在加工时，车好一线后，把Q后面的角度变化下，就能加工另一线螺纹。

其他的计算和车床加工时计算方法一样的，这里就不赘述了。

下面看一份图样。

例 5-12

这是大径为60mm、螺距为10mm的双线螺纹（见图5-18）。根据公式可以算出导程是20mm，所以每一线的角度就是180°。由于上一节讲过一些参数计算和程序编制，所以这里只介绍关于多线的知识点。先把上节的内容拿过来，经过简化后如图5-18所示。

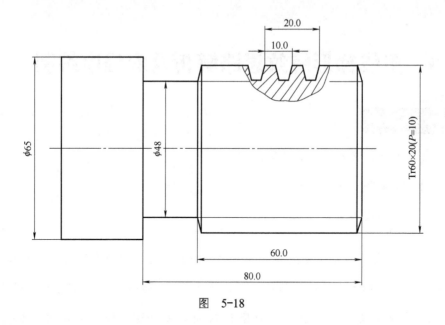

图 5-18

例 5-13

T0101 （3mm 宽度的切槽刀或成型刀）

S500 M3

G0 X65 Z10

#1 = 5.5

WHILE [#1 GE 0] DO1

#10 = [0.366*10−0.536*0.5] + TAN[15]*#1*2−3

#11 = #10/2

……

#2=0

WHILE [#2 LE #11] DO2

……

（这里是向左边借刀的程序）

END2

#2=0

WHILE [#2 LE #11] DO3

……

（这里是向右边借刀的程序）

END3

#1 = #1−0.2

END1

……

上述程序是加工第一线螺纹的。如果要加工第二条螺旋槽，很自然地就把 Q 后面的角度改为 180000，这个相信不是什么难事，弄个变量就可以办到。但这么改了以后对不对呢？

我们知道，在车第二条螺旋槽的时候，相当于重复第一条螺旋槽加工的轨迹。刀具的第一刀应该重新在 X60 位置（即[49+#1*2]），但细心的读者会发现，此时#1 的值已经不是 5.5 了，因为车完第一条螺旋槽后，#1 的结果是 0！如果只是把角度这个变量变化下，并进行加工，那恭喜你要撞刀了！因为程序中语句[49+#1*2]第一刀在 49 处，而不是 60！

那该如何解决这个问题？看示意图或许你就能明白（见图 5-19）。

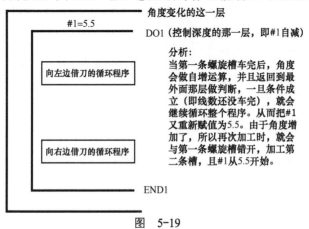

图　5-19

图 5-19 所示的示意图看完，就可以编写程序了。由于是两线螺纹，所以角度是从 0° 开始，加到 180° 就行（即 0° 是第一线，180° 为第二线）。

现在来完善全部的程序（除了分线部分，其他加工部分与单线的程序一致）。

例 5-14

T0101 （3mm 宽度的切槽刀或成型刀）

S500 M3

G0 X65 Z10

#5=0

WHILE [#5 LT 360000] DO1 （角度从 0° 开始变化，注意单位值是 0.001°）

#1 = 5.5

WHILE [#1 GE 0] DO2

#10 = [0.366*10−0.536*0.5] + TAN[15] *#1*2−3

#11 = #10/2

G0 X[49+#1*2] Z10

G32 Z−63 F20 Q#5 （注意这里的 F20。此时应该输入导程，而非螺距。

另外 Q 值也要有了，不然没法分线）

G0 X65

Z10

#2=0

WHILE [#2 LE #11] DO3

G0 X[49+#1*2] Z[10−#2]

G32 Z−63 F20 Q#5

G0 X65

Z10

IF [#2 EQ #11] GOTO2

#2=#2+2.7

IF [#2 GT #11] THEN #2 = #11

END3

N2 #2=0

WHILE [#2 LE #11] DO3

G0 X[49+#1*2] Z[10+#2]

G32 Z−63 F20 Q#5

G0 X65

Z10

IF [#2 EQ #11] GOTO3

#2=#2+2.7

IF [#2 GT #11] THEN #2 = #11

END3

N3

IF [#1 EQ 0] GOTO4

#1 = #1−0.2

IF [#1 LT 0] THEN #1 = 0

END2

N4 #5=#5+180000   （角度递增即可）

END1

G0 X100

Z100

M30

程序结束，让我们看看加工效果图（见图 5-20 和图 5-21）。

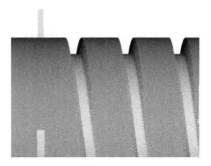

图 5-20

图 5-21

其实整体上程序没什么变化，只是在最外面套了件"角度的外衣"。

本节到这就结束了，望读者能完全理解多线加工的概念。

5.4 圆弧（半圆）牙型螺纹参数计算、思路解析及宏程序编制

本节学习要点

1. 如何定位圆弧牙型上的点
2. 掌握两种例题中的两种刀具轨迹编程方法
3. 完全吸收例题程序的思路

圆弧牙型螺纹在滚珠丝杠中是比较常见的，另外在技能大赛里也很常见。所以本节内容将对该螺纹做详细讲解。

首先我们想想前面几节一直说到的一个问题：定位点。

要想车出某牙型，实际上就是在定位时，把该牙型上的每个点依次定位好，然后用 G32 依次车削过去。正如梯形螺纹那一节讲的，这个点该如何定

位呢？让我们先看一个示意图（见图5-22）。

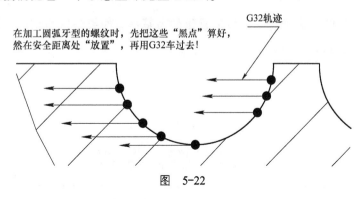

在加工圆弧牙型的螺纹时，先把这些"黑点"算好，
然在安全距离处"放置"，再用G32车过去！

G32轨迹

图　5-22

这些点要如何求？其实与梯形螺纹一样，也是通过三角函数求得的。但过程要比梯形螺纹稍微复杂些，我们还是通过一个示意图（见图 5-23）来解决这个问题。

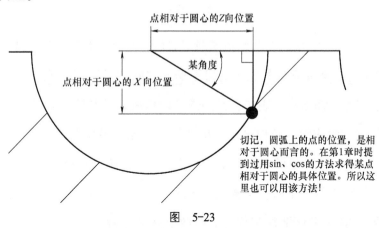

点相对于圆心的Z向位置

某角度

点相对于圆心的X向位置

切记，圆弧上的点的位置，是相对于圆心而言的。在第1章时提到过用sin、cos的方法求得某点相对于圆心的具体位置。所以这里也可以用该方法！

图　5-23

由图 5-23 可以得知，其角度是已知的量（编程时角度是个自变量）。想求得该点的 X 值时，可以根据 **sin（角度）=对边/斜边，推导出对边（即 X 向）=sin（角度）×斜边**。而斜边恰好又是半径！所以 X 向很容易就被求出来了。同理，Z **向就是 cos（角度）=邻边/斜边，推导出邻边（即 Z 向）=cos（角度）×斜边**（关于三角函数问题请参考第 1 章）。

接下来再谈谈另一个问题——**角度正负号的判定！**

有很多读者不知道角度的正负号是怎么判定的，一会正、一会负，易犯迷糊。其实它的判定很容易。**以后置刀架为基准，如果角度是逆时针旋转即为正，顺时针旋转即为负！** 如图 5-24 所示。

以后置刀架为基准，逆时针旋转时，角度为正；顺时针旋转时角度为负。

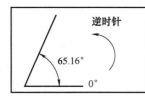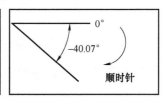

图 5-24

所以在图 5-23 中，它的**圆弧是凹下去的，那以后置刀架为基准，顺时针方向变化即可，因此角度的变化范围是 0°～–180°**（即角度为负值）。

关于"点"怎么求，现在已经知道了，再来看看刀具的问题。

要加工这种螺纹，可以分粗、精两把刀，比如用切槽刀开粗，球刀精加工；也可以只用球刀粗精一起加工。本节先介绍切槽刀开粗法。

对于切槽刀粗加工时，需要注意的是干预点的问题，如图 5-25 所示。

如果直接理想化地加工到底，那做出来的螺纹底部将是直线，而非圆弧了。当然，除了圆弧车刀以外的刀具都会发生干预的问题，在加工时要注意这一点。当用切槽刀粗车好后，再用球刀精加工即可。下面先用切槽刀编制粗车程序！**本书给读者提供两种加工方法供参考，还是那句话，你想怎么开粗就怎么写程序。**

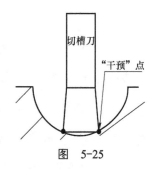

图 5-25

方法一：切槽刀粗车，球刀精车（切槽刀刀宽 3mm、球刀半径 *R*2mm）

例 5-15 （图 5-26）

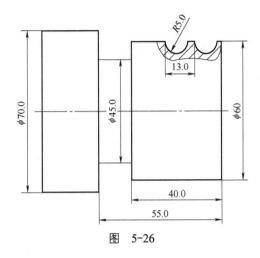

图　5-26

前面提到过干预点的问题。所以可以在软件中把这个干预点找出来，防止过切，如图 5-27 所示。

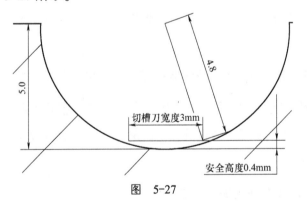

图　5-27

根据图 5-27 我们可以看出，当刀具宽度为 3mm 时，其 *X* 向最大切削深度为 4.6mm（单边值，这个值是作者自定的），留出 0.4mm 的安全距离。**同时在 *Z* 向也要留出余量，其实就是把半径缩小。那缩小到什么尺寸？能够正好把 3mm 刀宽交于弧上即可。**所以由图 5-27 可知，缩小后的半径是 4.8mm（实际测量值是 4.838mm）。那么在实际车削的时候，以 4.8mm 为半径粗车即可。

最后该找找编程所需要的数据了。

由于在加工的时候，把切槽刀中心放在了圆心的位置（即刀具左、右两点相对圆心的坐标是-1.5、1.5），所以实际的 Z 向借刀距离要减去刀宽。这个问题和梯形螺纹是一个道理。但要借的总长是多少呢？该如何求？老规矩，直接上图（见图 5-28）。

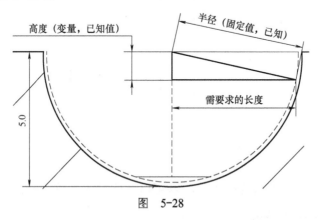

图　5-28

由图 5-28 就不难看出，需要的总长是多少，并且也知道该如何求。用公式表达就是：

当前借刀总长=[SQRT[半径*半径–高度*高度]]*2–3，式中之所以要乘以2，是因为左边还有一个同样长度（其中 3 是刀宽，别忘记减掉它！）。所以在车削的时候，只要把高度每次变化下，就能利用上述公式算出对应的长度，然后借刀即可。

万事俱备，现在开始编制加工程序了！

（在写宏程序的时候，是可以把中文注释信息写在小括号里的）

（螺距为 13mm，刀具轨迹采用"先中间、后两边"。与梯形螺纹一样）

例 5-16

T0202　（3mm 切槽刀，粗车用）

S400 M3

G0 X60 Z15   （定位，这里的 15 是作者自定的 Z 向零点）

#1=0   （用来表示高度的变化，从 0 开始慢慢增加到 4.6）

WHILE [#1 LE 4.6] DO1   （如上所述，如果#1 的值小于 4.6，说明

                         没车到位）

G0 X[60–#1*2] Z15

#2=0   （表示借刀的初始值，用来与借刀总长做判断）

#3=[[SQRT[4.8*4.8–#1*#1]]*2–3]/2（这一步表示需要借刀的总长。公式

                         在上面已经解释了。**但这里最后除以**

                         2，是因为把刀具放在中间，然后分

                         别向两边借刀，所以要平分。和梯形

                         螺纹一个道理）

WHILE [#2 LE #3] DO2

G0 X[60–#1*2] Z[15–#2]   （切记以 15 为基准，先向左边借刀）

G32 Z–45 F13

G0 X62

Z15

IF [#2 EQ #3] GOTO1

#2=#2+2.8   （借刀增量小于刀宽就行）

IF [#2 GT #3] THEN #2=#3

END2

N1

#2=0   （把#2 的数据清零，以便重新对比）

WHILE [#2 LE #3] DO3

G0 X[60–#1*2] Z[15+#2]   （向右边借刀）

G32 Z–45 F13

```
G0 X62

Z15

IF [#2 EQ #3] GOTO2

#2=#2+2.8

IF [#2 GT #3] THEN #2=#3

END3

N2

#1=#1+0.2
```
　　　　　　　　（单边背吃刀量为 0.2mm。由于每刀 0.2，所以可以
　　　　　　　　被整除，故不考虑除不尽的情况）

```
END1

G0 X100

Z100

M30
```

程序结束，下面是开粗效果图（见图 5-29 和图 5-30）。

图　5-29

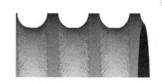
图　5-30

　　或许有读者纳闷，为什么总是使用"先中间、后两边"这个刀路？因为这最方便新手理解（还是那句话，**你想让刀具怎么走，那就怎么编程**）。

　　终于学习完加工程序了，等等，我们是不是忘了一件事？对，还没精车呢！没办法，只好继续了。

　　精车时，采用球刀，然后沿着 *R*5mm 圆弧的轮廓走一遍即可。但是球刀又有个问题：**刀尖圆弧半径**！

在华中数控或 FANUC 里，G32 这一步是没法使用刀尖半径补偿的，系统总是报错。解决方案是**通过系统变量得到半径补偿后的值，再放到普通变量里，再用 G32 车削**。很明显，新手们看到这句话已经懵了！所以在此介绍另一种好用的方法—— 用圆弧车刀中心编程。

用圆弧车刀中心编程，其实就是用车刀球心为对刀点，那么在加工时需要注意什么问题呢？还是通过示意图（见图 5-31）来说明这个问题。

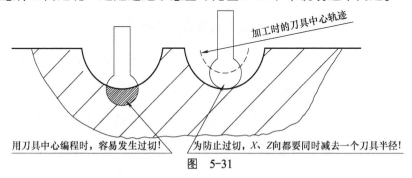

加工时的刀具中心轨迹

用刀具中心编程时，容易发生过切！　　　　为防止过切，X、Z 向都要同时减去一个刀具半径！

图　5-31

所以，在用圆弧车刀加工时，实际的**圆弧车刀轨迹=圆弧牙型半径 – 刀具半径**！解决了这个问题，就可以用球刀精加工了！另外，对弧面上的"点"如何求得，在本章开篇就讲到，别忘了哦。

例 5-17

T0505　（车刀半径 2mm）

S400 M3

G0 X64 Z**16.5**　（**两把刀加工同一条螺旋线的时候，一定要保证 Z 向起点一致**！但这里为什么是 16.5 而不是槽刀加工时的 15？上面讲过，**槽刀加工的时候，把刀放在圆弧中心来编程的，但是当对刀的时候，以左刀尖为 Z0**，也就是说程序里所用的那个 Z 起点是 1.5，所以当球刀加工时，要把这个 1.5 算进去，得出 16.5。这个概念一定要弄清楚，自己画画示意

图也可以）

#1=0　　（#1 表示初始角度。它从 0° 变化到–180°）

WHILE [#1 GE–180] DO1　（由于是从 0° 到–180°，所以#1 的值如果还

大于 180，说明没加工完）

#2=[5–2]*SIN[#1]*2

#3=[5–2]*COS[#1]　　　（事先算好 X、Z 值。**这里之所以用 5–2，是因为要用刀具中心来编程。而刀具中心所在的圆弧半径是 3，所以用牙型半径减去刀尖半径**）

#4=60+#2　　（**这里为什么是加上#2**？圆弧明明是凹的，怎么不是减呢？**因为#1 的角度是负值，所以#2 的结果算出来已经是负值。如果再用 60 减去#2 的话，会出现"负负得正"的情况，反而不对**）

G0 X#4 **Z[#3+16.5]**　　（一定要理解为什么用球刀加工后，Z 向为 16.5）

G32 Z–45 F13 G0 X65 （这里要注意刀具半径。如果退到 60 的话，会撞刀！）

Z15

#1=#1–2　　（这里角度递增量可自定，此时定为 2°）

END1

G0 X100

Z100

M30

上述程序中最为关键的还是球刀定位点的问题。为何是 16.5，而不是 15，请读者一定要弄明白。实在不行画画 CAD 图就一目了然。图 5-32 和图 5-33

是加工效果图。

图 5-32

图 5-33

方法一主要介绍的是通过两把刀加工。接下来讲解如何用一把刀实现粗、精一体加工。

要想一把刀实现粗、精加工，那么这把刀无疑是球刀了（圆弧车刀）。在加工时我们依然采用刀具中心编程。相关的注意点已经在方法一中讲解过，这里不再赘述。我们主要分析刀具轨迹以及效率问题。

方法二：球刀（圆弧车刀）实现粗、精加工（球刀半径 $R2mm$ ）

在正式编程前要完成不少工作，首先就是刀具轨迹的分析！本例将采用 X 向偏移，**把要切除的余量全部偏到零件外圆表面之上，然后再用递减的方法编制程序。** 刀具轨迹和 G73 类似，但又有区别。让我们看看图 5-34 所示的示意图。

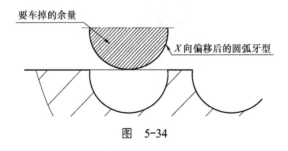

图 5-34

先把余量偏移出去，保证**偏移后的圆弧最底部与外圆面相切**。递减方法如图 5-35 所示。

89

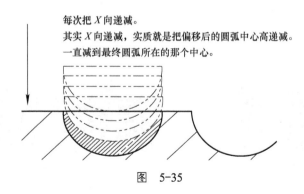

图 5-35

从上面两幅示意图可以看出，当把圆弧偏移之后，每一个圆弧都是精加工轨迹，只不过圆弧的中心距在慢慢降低，从而实现粗加工。但是此刀具轨迹有个非常严重的问题：**空刀太多！**

那么该如何处理空刀呢？**在程序中揭晓！**同时根据方法一的思路分析，已知实际加工时的圆弧半径，需要减去一个刀具半径，而且要用圆弧中心编程。这里不再赘述。

最后一个问题：要偏移多少呢？

前面说过，**"偏移后的圆弧最底部与外圆面相切"**。也就是说在外圆 60mm 的基础上加上圆弧半径 5mm，那么双边就是 10mm。所以最终偏移后的圆弧中心距离零件中心是 70mm，如图 5-36 所示。

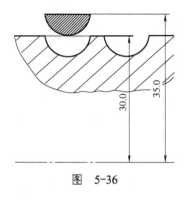

图 5-36

万事俱备，可以编制程序了！依然使用图 5-26 来编程。

例 5-18

T0505　　（半径为 2mm 的圆弧车刀）

S400 M3

G0 X64 Z15

#1=70　　　　（这里的 70 表示圆弧偏移后的中心距离。只要把**#1** 的值不

　　　　　　　断减小就能实现开粗）

#10=10　　　　（这是神奇的一步，暂不透露干吗用的）

WHILE [#1 GE 60] DO1　　　　　　（由于图样中，圆弧牙型最终所在的中心

　　　　　　　　　　　　　　　高度是 60mm，所以#1 的值如果比 60 还

　　　　　　　　　　　　　　　大，说明没加工完毕，继续循环车削！）

#2=0　　　　　　　　　　　　　（#2 表示圆弧起始角度）

WHILE [#2 GE–180] DO2

#3=#1+2*[[5–2]*SIN[#2]]　　（这里#3 表示每个圆弧的 X 值。为什么说是"每

　　　　　　　　　　　　　　个"？**因为#1** 的值会减小，每减一次就是一个

　　　　　　　　　　　　　　新的圆弧了。最重要的是**不要忘记减去刀具半径**）

IF [#3 GE 64] GOTO1　　　　（这又是神奇的一步，它是处理空刀的语句！

　　　　　　　　　　　　　　我们知道当#3 的值算出来大于 64，是车不到

　　　　　　　　　　　　　　零件的（注意我们用的是球刀中心编程的，

　　　　　　　　　　　　　　所以刀心所在的位置是 64 而不是 60）。既然

　　　　　　　　　　　　　　车不到零件压根就不用执行 **G32** 指令，直接

　　　　　　　　　　　　　　跳转到 **N1** 段，让角度继续变化。一直变化

　　　　　　　　　　　　　　到#3 的值比 **64** 小，才能车削。从而实现跳

　　　　　　　　　　　　　　过空刀，大大提高了加工效率！）

#4=[5–2]*COS[#2]　　　　　　（#4 表示圆弧的 Z 点）

G0 X#3 Z[#4+15]　　　　　（定位）

G32 Z–45 F13　　　　　　（车过去）

G0 X65

Z15

N1 #2=#2–#10　　　　　（这里再次出现了#10 这个变量。很明显它表示角度增量。那为什么用变量来表示呢？接着往下看吧！）

END2

#1=#1–1　　　　（每次减去 1mm，不会发生不能整除的情况。**实际加工时自己定递减值，然后加上判断语句，防止除不尽**）

IF [#1 EQ 60] THEN #10=2　　　（**这一句是点睛之笔！我们发现，当#1 变化的时候，每一层刀具轨迹都是沿着圆弧边缘走的，但如果在加工每个圆弧时，角度增量太小的话，会导致每一层要加工很久！太大的话，最后一刀精车时牙侧会非常粗糙！所以把"角度增量值"放在一个变量里。最终只要判断#1 是否和 60 相等就行。如果相等那说明是最后一刀，那必须把粗加工用的角度增量减小，所以语句"IF [#1 EQ 60] THEN #10=2"执行后，#10 就会变成 2，然后在循环的第二层里，角度以 2° 递增，实现精车！**）

END1

G0 X100

Z100

M30

上述程序诠释了"算法"两个字。实现了在一个程序里同时粗、精加工。让我们看一下加工的效果图。

图5-37是粗车效果图。可以看出 X 向分层且每一刀的台阶比较明显。

图 5-37

图5-38是精车成品效果图。表面纹理与粗加工时截然不同!

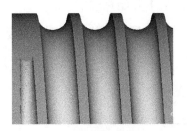

图 5-38

本节写到这其实已经结束了。但突然想起还有种刀具轨迹,所以一道讲完吧。

另一种刀具轨迹是"同心不等半径"。

顾名思义,就是有 N 个圆在同一个圆心,但半径会不断变大,如图5-39所示。

下面就来分析这个刀具轨迹。

由于这么多加工轨迹(圆)是同心的,且**半径每次都在变化。**一说到变化,让我们想想它

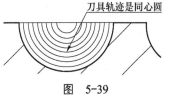

图 5-39

能否是个变量呢?**当加工好当前这个半径所对应的圆弧后,把半径变大,然后继续加工新半径所对应的圆弧。然后再增大一次,以此类推。一直增加到合格**

的牙型半径为止不就行了？所以可以肯定的是半径是变量！

半径每变化一次，都需要在 0° 开始重新加工。这说明什么问题？说明**角度这个变量每次都需要重新赋值为 0！** 这么一说，那就**需要两层嵌套来完成这个动作了。而且角度变量是在里面一层的**，这样才能每次被初始化为 0。

分析完毕！可以开始编程了，依然使用例 5-15 的图样。

（由于该方法效率不高，所以不推荐用于加工。本程序旨在提高读者的程序算法能力）

例 5-19

……（不考虑刀具半径）

G0 X60 Z15

#1=1　　　　　　　（半径从 1 开始算起）

WHILE [#1 LE 5] DO1　　（**图样里最终的牙型半径是 5mm，所以#1 的值如果比 5 小，说明没车完**）

#2=0　　　　　　　（角度从 0° 开始变化到–180°）

WHILE [#2 GE –180] DO2

#3=#1*SIN[#2]*2（表示圆弧上某点的 X 坐标）

　　　　　　　　　　（**式中，只有把#1 当作半径参与运算，才会实现半径变化**）

#4=#1*COS[#2]　　（表示圆弧上某点的 Z 坐标）

#5=60+#3　　　（#5 表示车削时的 X 值）

G0 X#5 Z[15+#4]（这里把 15 当作基准）

G32 Z–44 F13　　　（G32 车过去即可）

G0 X65

Z18

#2=#2–2　　　　　（角度每次减去 2°）

END2

#1=#1+1　　　　　　　　　（半径每次增加 1mm）

END1

……

本节内容较多，请读者朋友不要心急，慢慢消化。

5.5　圆弧（非半圆）牙型螺纹参数计算、思路解析及宏程序编制

本节学习要点

1. 掌握非整半圆牙型的角度定义

2. 消化例题程序的思路

前面一节详细讲解了直面圆弧牙型螺纹的宏程序编制。但是在实际加工中，有些圆弧牙型并不是整半圆。也就是说圆弧的圆心不在零件外圆面上。下面让我们看一份零件图。

例 5-20 （图 5-40）

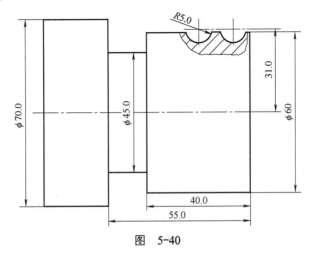

图　5-40

图 5-40 这种情况，一眼就能看出圆弧起始点角度不是 0°，终止角度也不是−180°。如果在加工的时候，还是按照 0°～−180° 加工，势必会有空刀，浪费时间。所以要找出它的起始角与终止角。让我们通过图 5-41 来说明这个问题。

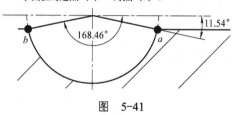

以圆心为出发点，画两条直线。分别相交于圆弧的起点（a）、终点（b）。
11.54°
168.46°
b
a

图 5-41

从图 5-41 可以看出，该圆弧牙型起始角度是−11.54°，终止角度是−168.46°。

由于前面一节已详细介绍了该类螺纹的编程思路。所以本节就直奔主题，不再过多阐述原理问题。现在可以编制程序了。

（刀具为 *R*2mm 的圆弧车刀，采用“偏移法”加工）

（经过计算，偏移后的圆弧中心距离零件旋转中心单边值仍是 35mm）

例 5-21

T0505　　（*R*2mm 球刀）

S400 M3

G0 X64 Z15　　（安全定位点）

#1=70　　（偏移后的双边中心距）

#10=10

WHILE [#1 GE 62] DO1　　（这里**判断的终点不是 60**，因为圆弧最终的圆心不在外圆面上，而是位于 62 处）

#2=–11.54

WHILE [#2 GE–168.46] DO2

#3=#1+[[5–2]*SIN[#2]]*2

IF [#3 GE 64] GOTO1　　　　（跳过空刀）

#4=15+[5–2]*COS[#2]

G0 X#3 Z#4

G32 Z–45 F13

G0 X65

Z15

N1

IF [#2 EQ–168.46] GOTO2

#2=#2–#10

IF [#2 LT –168.46] THEN #2=–168.46　　　（防止不能整除）

END2

N2 IF [#1 EQ 62] GOTO3

#1=#1–2　　　（具体每次的背吃刀量，自己根据实际情况定义，不是定值）

IF [#1 LT 62] THEN #1=62

IF [#1 EQ 62] THEN #10=2　　　　　　　　（改变递增角度，实现精加工）

END1

N3

G0 X100

Z100

M30

程序完毕，让我们看下加工效果图（见图 5-42 和图 5-43）。

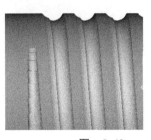

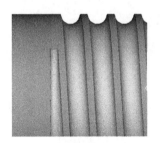

图　5-42　　　　　　　　　　图　5-43

从程序结构上讲，没什么区别。仅仅是角度的变化而已。所以要学会触类旁通。请读者能够学会"偏移法"加工。当然还有其他的粗加工方法，这里就不一一举例了，都是一个原理。

最后要说明的是，可能有读者看到我的程序为什么都用 WHILE…DO 循环格式，而不用 IF…GOTO 格式做循环判断。因为 **WHILE 语句的执行效率比IF 语句高！** 当然你也可以根据自己的喜好来用某个语句。只要逻辑表达正确即可。

本节到这里就结束了，加油！

5.6　圆弧圆柱蜗杆参数计算、思路解析与宏程序编制

本节学习要点

1. 掌握圆弧圆柱蜗杆相关尺寸计算方法
2. 吸收例题程序

经过前面几节的学习，读者应该对螺杆类的加工有所了解。本节着重讲解圆弧圆柱蜗杆的车削方法。为什么不直接讲阿基米德蜗杆呢？因为它和梯形螺纹比较类似，讲解的意义不大。

谈到圆弧圆柱蜗杆，有些读者比较陌生。简单理解就是它的齿形是凹圆弧。下面看下它的牙型部分的图样（工厂生产所用），由于关系到图样保密等因素，把其中一些尺寸处理过了。

例 5-22

该图样（见图 5-44）的齿形是 $R20mm$ 圆弧，蜗杆模数是 5（其他尺寸是作者自己定义的，相当于非标）。下面将详细讲解该如何编制加工程序。

首先，不论是螺纹还是蜗杆，它们的粗加工其实都是**算好当前深度所对应的槽宽**，然后借刀。所以先来看看槽宽怎么算，如图 5-45 所示。

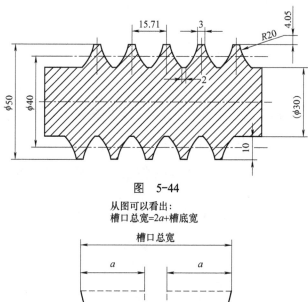

图 5-44

从图可以看出：
槽口总宽=2a+槽底宽

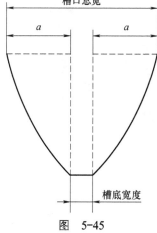

图 5-45

由于槽底宽度是已知的，所以只要求得 a 的长度即可。但是 a 该怎么求呢？继续看示意图，如图 5-46 所示。

在图 5-46 中还没有给出具体的求法，目的是防止一次性画完，导致基础较差的读者看不懂。

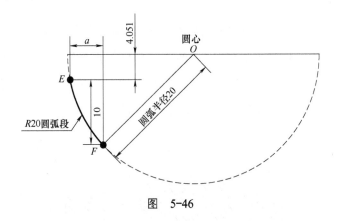

图 5-46

由图 5-46 可知，圆弧段有两个端点，分别是点 E、点 F。其中点 F 与圆心 O 相连后，得到一条斜边，它就是圆弧半径。同理，如果把点 E 和圆心 O 相连后，也会得到一条斜边，同时也是半径。让我们继续看图（见图 5-47）。

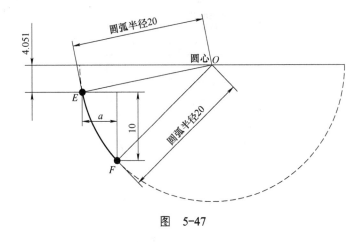

图 5-47

从图 5-47 中，可以看到有两条斜边。通过这两条斜边，能够得到什么信息？能不能得到一个直角三角形呢？老规矩，继续看图（见图 5-48）。

在图 5-48 中可以发现些端倪。三角形 OCE 与三角形 OBF 是两个直角三角形。同时它们的斜边 OE、OF 都是圆弧半径，而且 CE 的长是 4.051；BF 的长是 10 加上 4.051，等于 14.051（**由于 EF 的垂直高度是牙高，所以值为 10，然后圆心到点 E 的距离垂直是 4.051，所以总 BF 的长是 14.051**）。

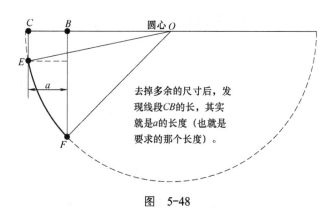

图　5-48

最关键的是 CB 的长度就等于 OC 减去 OB！而 OC、OB 分别是两个直角三角形的直角边，完全可以用勾股定理来求得这两个边长！

所以 $OC=\sqrt{OE^2-CE^2}$；$OB=\sqrt{OF^2-BF^2}$。再把公式里的线段换成对应的数据，那么 CB 的值就能求出来了。最终 CB 的结果约等于 5.353。因此，牙槽总宽是 $5.353×2+2=12.706$。

但这样是不是就能加工了呢？我们知道，当 X 向不断切削的时候，槽口的总宽是不断变窄的。如果把 CE 的长度作为一个自变量，从 4.051 一直变化到 14.051 是不是就行呢？在程序里揭晓答案。

槽口宽度如何算，我们已经知晓了。接下来就可以直接编制程序了！**刀具采用 1.5mm 宽的切槽刀，加工刀具轨迹是先中间，后两边。**

例 5-23

（有没有发现，只要把槽口宽度算出来就可以直接编程了！）

（假定蜗杆长度是 150mm）

T0202

S400 M3

G0 X50 Z16　　　（Z 向定位点大于一个螺距即可）

#1=4.051　　　　**（#1 表示公式里面的 *CE* 长度。当它变化到 14.051 时，说明牙高车完了）**

WHILE [#1 LE 14.051] DO1　　　　　（这一步也是根据公式来的。<u>要想车完 10mm 的牙高，那就车到 14.051 为止。如果比 14.051 小，说明没车完</u>）

#2=[2*[SQRT[20*20−#1*#1]−SQRT[20*20−14.051*14.051]]+2−1.5]/2　　　　**（#2 这一步表示槽宽的一半，因为要左右分别借刀。别忘记把刀宽 1.5 减掉）**

#3=0

WHILE [#3 LE #2] DO2

G0 X[58.102−#1*2] Z[16−#3]　　　**（先向左边借刀。*X* 向的深度，是根据圆弧中心距算的）**

G32 Z−155 F15.71

G0 X55

Z16

IF [#3 EQ #2] GOTO1　　　　（防止死循环）

#3=#3+1.3

IF [#3 GT #2] THEN #3=#2　　　　（防止除不尽）

END2

N1

#3=0

WHILE [#3 LE #2] DO3

G0 X[58.102−#1*2] Z[16+#3]　　（向右边借刀）

G32 Z−155 F15.71

G0 X55

Z16

IF [#3 EQ #2] GOTO2　　　（防止死循环）

#3=#3+1.3

IF [#3 GT #2] THEN #3=#2

END3

N2

IF [#1 EQ 14.051] GOTO3

#1=#1+0.2　　　（背吃刀量为 0.2mm，也可以根据实际情况定义）

IF [#1 GT 14.051] THEN #1=14.051

END1

N3 G0 X100

Z100

M30

程序写完，让我们看看加工效果图吧（见图 5-49 和图 5-50)!

图　5-49　　　　　　　　　　　　　图　5-50

其实开粗的方法还有很多，在这再写一种开粗方法。但是该方法编制的原理不做详细解释，因为用文字太难表述了。所以算法较好的读者可以看看下例，初学者可直接跳过。

例 5-24

（槽刀宽度依然是 2mm，螺杆部分长度也是 150mm）

（加工轨迹：**向左或向右单向借刀，非同时两边借刀**）

（本程序是**向左单向借刀**）

T0202

S400 M3

G0 X50 Z16

#1=4.051

#2=2*[SQRT[20*20−4.051*4.051]−SQRT[20*20−14.051*14.051]]+2−1.5
（槽口总宽，注意减去刀宽）

WHILE [#1 LE 14.051] DO1

#3=2*[SQRT[20*20−#1*#1]−SQRT[20*20−14.051*14.051]]+2−1.5
（当前深度下对应的槽宽。由于是单向借刀，所以不需要两边均分长度，也就用不着除以 2。注意减去刀宽）

#4=[#2−#3]/2　　（错开的距离，具体解释可以看本书配套的光盘）

#5=0

WHILE [#5 LE #3] DO2

G0 X[58.102−#1*2] Z[16−#5−#4]

G32 Z−155 F15.71

G0 X55

104

Z[16–#5–#4]

IF [#5 EQ #3] GOTO1

#5=#5+1.3

IF [#5 GT #3] THEN #5=#3

END2

　N1

　IF [#1 EQ 14.051] GOTO3

#1=#1+0.2　　　（背吃刀量为 0.2mm）

IF [#1 GT 14.051] THEN #1=14.051

END1

N3 G0 X100

Z100

M30

程序完毕，让我们看看加工效果图（见图 5-51 和图 5-52）。

很明显，图 5-51 是单向借刀（向左边借）。图 5-52 是加工完毕的效果图。

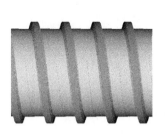 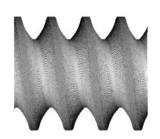

图　5-51　　　　　　　　　　　图　5-52

两种刀具轨迹，对应两种程序。对比这两个程序可以看出，<u>第二种程序量明显比第一种少很多，但程序复杂度也提升了</u>。所以我建议新手先把最简单的开粗轨迹掌握好，然后再研究其他方法。

除了上述的两种刀具轨迹和槽宽计算方法，还有其他方法，就不一一讲解了。你想怎么开粗那就怎么编程。另外，只要把槽宽的长度算出来，其实就已经找到螺纹的核心数据了。剩下的就是借刀的事，都是一个道理。

本节到这里就结束了。

第6章

数控车床技能大赛常用

异形螺纹宏程序编制

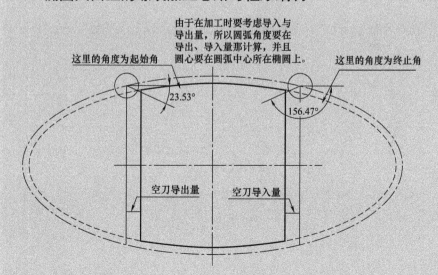

6.1 椭圆牙型大螺距螺纹思路解析及宏程序编制

1. 如何取得椭圆曲线上的点

2. 粗加工采用的刀具轨迹

3. 掌握不同粗加工方法，所对应的算法

4. 掌握例题程序

第 5 章主要介绍了实际生产中可能会用到的螺纹类型。其实还有其他类型，但并没有写进去。但它们的加工方法都是一样，没任何区别。从本章开始将重点讲解数控车床技能大赛里的异型螺纹。

本节主要讲解牙型为椭圆曲线的异型螺纹宏程序编制！虽然大赛里的螺纹在实际中用得极少，但从学习的层面上来说，还是很有必要研究的。老规矩，先做第一步：刀具轨迹分析（选择）。

例 6-1 （图 6-1）

方法1：采用 X 向偏移法。每一刀都是精加工轨迹。

方法2：切槽刀粗加工，最后用菱形尖刀精加工。

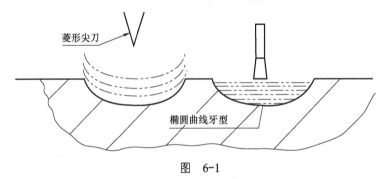

图 6-1

其他粗加工方法就不一一介绍了。

当确定好加工轨迹了，接下来就是找出它们的数据关系。比如，<u>采用方法 1 加工的话，那么必须要把椭圆的牙型偏移到外圆表面，**那么我们需要计算偏移多少**</u>；而采用方法 2 加工的话，得知道当前 X 向切削深度的这一层，所对应的 Z 向借刀总长是多少。所以第二步就是找找它们的数据关系了。

对于方法 1，要计算偏移的距离其实很简单，就是把<u>**"短半轴 ×2"的长度，加到外圆表面**</u>。类似的问题第 5 章有过介绍。同理方法 2 中，用<u>**切槽刀加工的话，需要注意刀宽干预牙底**</u>的问题，这点在第 5 章也介绍过。由此可以看出，螺纹的粗加工其实都是一个道理！但是，这椭圆牙型上的点该怎么求呢？

第 4 章介绍过非圆曲线的加工。没错，椭圆牙型也是采用那个方法计算出每个点。不同的是<u>不用 G01 拟合，**而是先定位好曲线上的点，然后用 G32 车削而已**</u>。这一点和第 5 章的内容是如出一辙的。

接下来对方法 1 详细讲解。

例 6-2（图 6-2）

采用方法 1 进行编程。

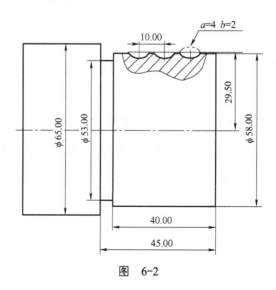

图 6-2

上面提到过方法 1 在加工时，**每一层都是精加工轨迹，只不过在程序中加上了判断语句，判别是否有空刀**（和第 5 章中的圆弧螺纹加工类似）。但是椭圆上的每个点该如何找，我们在这里讲解一下，算是对第 4 章内容的小复习。

图样中，椭圆长、短半轴分别是 4mm、2mm，而且牙型几乎是半个椭圆。根据这些信息，我们很快就能想到变量变化范围。让我们写个程序试试看！

例 6-3

......

#1=4　　（#1 表示椭圆 Z 向有效起点，相对于椭圆中心的位置。其实这里 #1 不应该是 4，因为该椭圆不是完全一半，如果读者有兴趣可以在 CAD 里找出实际的有效起点）

N1 #2=2*2*SQRT[1−#1*#1/4/4]　　（计算 X 向的点）

G01 X#2 Z[#1−4] F100　　（把每个点用 G01 拟合。这里我们只考虑曲线本身，不考虑其他因素）

#1=#1−0.1　　（让#1 的值不断变化，#2 才能跟着不断变化，从而产生新的 X、Z 坐标点）

IF [#1 GE −4] GOTO1　　（由于是加工整个椭圆，所以#1 的判断终点就是−4）

......

在上述程序中，"G01…"这一步是把计算出的每个点依次连接起来，**中途没有退刀动作**，所以加工出来就是一条椭圆曲线。如果在车削螺纹的时候，只把这些点定位好，然后用 G32 车过去，那么椭圆牙型的螺纹就出来了！**实质上就是用 G32 拟合了曲线。**

由于方法 1 需要 X 向偏移，所以要先通过 CAD 作图，求出偏移后的椭圆中心位置。

例 6-4

由图 6-3 可知，偏移后的椭圆中心距离零件旋转中心单边高度是 31mm。所以在程序里处理的时候，只要让该高度不断降低，且判断是否到了 29.5mm 即可。下面就开始正式编制程序了！

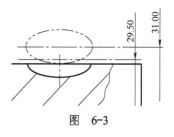

图 6-3

例 6-5

T0505　（菱形尖刀）

S400 M3

G0 X58 Z10　（把 Z10 看成牙型的基准零点。也就是把刀具放在了牙槽中间，此后借刀的位移量都以 10 为基准了）

#1=62　（偏移后的中心高作为自变量，减到 59 为止）

WHILE [#1 GE 59] DO1　（既然#1 作为偏移后的高度，所以当它的值还大于成品牙型中心所在的高度时，说明没加工完）

#2=4　（#2 表示椭圆 Z 向起始点。相对于椭圆中心而言的）

WHILE [#2 GE −4] DO2

#3=#1−2*2*SQRT[1−#2*#2/4/4]

IF [#3 GT 58] GOTO1　（跳过空刀）

G0 X#3 Z[10+#2]

G32 Z−43 F10

G0 X60

Z[10+#2]

N1

#2= #2-0.1 　（由于使用的是尖刀车削，所以步距不建议大于刀尖半径）

END2

#1=#1-1

END1

G0 X100

Z100

M30

让我们看一下加工效果图（见图 6-4 和图 6-5）。

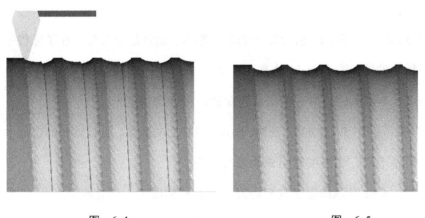

图　6-4　　　　　　　　　　　　图　6-5

方法 1 在加工时，效率上比较低。但对技能大赛的选手们来说，方法 1 就可以解决加工的问题。

其实针对本例题的螺纹，我并不建议采用方法 2 加工。因为本例使用的椭圆比较小，对槽刀刀宽有限制。实际车削时由于刀宽不能选得过大（过大会在槽底留下过多的余量），降低刀具刚性，从而引发震动甚至崩刃。

本节到这里就结束了。

6.2 正弦曲线牙型大螺距螺纹思路解析及宏程序编制

1. 如何定位牙型上的点

2. 掌握例题程序

正弦曲线螺纹在数控车床技能大赛里也是经常出现的，其牙型是一条正弦曲线。根据 6.1 节的内容可以知道，其实就是把曲线上的点通过一个循环计算出来，然后用 G32 分别依次拟合就行。所以在本质上和椭圆牙型螺纹没任何区别。依然通过图样来阐述这个问题。

例 6-6（图 6-6）

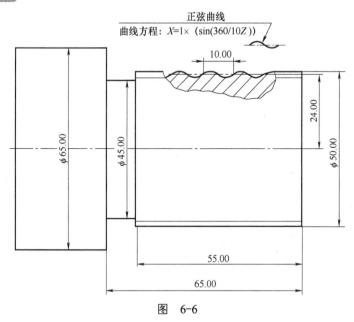

曲线方程：$X=1\times(\sin(360/10Z))$

图 6-6

在图 6-6 中，可以知道该曲线的振幅为 1mm，也就是说牙顶距牙底的单边距离是 2mm，双边是 4mm。所以在此不能采用"一刀精车"的方法，必须有粗加工！以防加工过程中崩刃。关于曲线的含义，在第 4 章有详细的介绍，这里不再赘述了。

根据 6.1 节的内容我们知道，要加工这个螺纹其实**就是先定位好曲线上的每一个点，然后用 G32 拟合**。综合来讲，就是拟合一个完整的牙型！另外本例中的正弦曲线距零件回转中心 24mm，在车削的时候不能把它忘了。下面通过一个示意图，来加强"**先定位好曲线上的每一个点，然后用 G32 拟合**"的概念。

例 6-7（图 6-7）

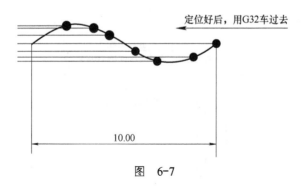

图中的黑点表示曲线上的某些点，我们只要通过一个WHILE循环，分别计算出这些点，并且在安全距离处定位它们，最后G32车过去即可！

定位好后，用G32车过去

10.00

图　6-7

关于"先定位曲线上的点，再 G32 车削"的概念就到这里结束了。请读者一定要牢记于心！

最后可以编制该螺纹的加工程序了。

本例刀具则采用主、副偏角各为 72.5° 的菱形尖刀。

在粗加工方法上，依然采用"X 向偏移法"。因此要把余量全部偏移到外圆表面（即将牙型最低点移到外圆上）。因此在程序结构上肯定是两层嵌套。第一层负责控制中心距离的变化，第二层则负责控制曲线牙型是否拟合完。这一点要先想明白（请读者不要一蹴而就，平时要经过大量的练习与思考才能把程序结构了然于胸）。

偏移后的中心距离如图 6-8 所示。

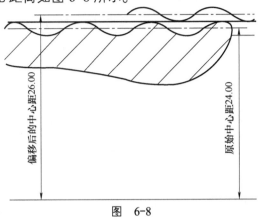

图　6-8

现在开始编制加工程序。

例 6-8

T0606 　　　（菱形中心对称尖刀）

S400 M3

G0 X50 Z13　（这里至少要大于一个螺距。因为要拟合整个牙型）

#1=52　　　　（偏移后的中心距离，直径值。只要把#1 的数据减到 48 就
　　　　　　　说明整个零件加工完毕）

WHILE [#1 GE 48] DO1　（如上所述，#1 的值大于 48 说明还没车完）

#2=0　　　　　　　　　（#2 表示正弦曲线的 Z 起点。由于整个曲线长
　　　　　　　　　　　度是 10mm，所以很自然地就能想到，当#2 的
　　　　　　　　　　　值比 10 小，说明牙型还没拟合结束）

WHILE [#2 LE 10] DO2

#3=1*[SIN[360/10*#2]]　（#3 表示正弦曲线中与 Z 点所对应的那个 X
　　　　　　　　　　　　点。但是这里还没考虑中心距的情况）

#4=#1-#3*2　　　　　　（把中心距算进去）

115

IF [#4 GE 50] GOTO1　（跳过空刀部分）

G0 X#4 Z[13-#2]　　　（这次把基准点定在 13 处，然后向左边借刀。说明
　　　　　　　　　　　　要在 Z13 处，减去一个完整的正弦曲线牙型。整个
　　　　　　　　　　　　车完后，刀具应该在 Z3 处）

G32 Z-60 F10

G0 X52

Z[13-#2]

N1 #2=#2+0.1

END2

IF [#1 EQ 48] GOTO2

#1=#1-1.5

IF [#1 LT 48] THEN #1=48　　　（防止除不尽）

END1

N2 G0 X100

Z100

M30

程序结束，让我们看看粗车效果图（见图 6-9）。

精加工完毕（见图 6-10）。

图　6-9　　　　　　　　　　　图　6-10

　　本节篇幅不长，因为所有的内容在前面章节都讲解过。由此我们发现，

只要把核心内容掌握了，至于牙型再怎么变化都不必担心如何编制程序，不论

是抛物线牙型或其他非圆曲线牙型。

从下一节开始，**内容复杂度将大大提高**。<u>请基础较薄弱的读者放缓脚步，完全理解前面的例题后再继续学习。</u>

6.3 直面凸圆弧牙型螺纹思路解析与宏程序编制

本节学习要点

1. 了解两种加工方法
2. 学会螺纹参数的计算
3. 消化例题中的程序

从本节开始，讲解的螺纹牙型已经不是某单条曲线了，而是多种曲线的组合。比如例 6-9 中要讲解的凸圆弧牙型螺纹。

从字面上看，凸圆弧牙型螺纹与之前所讲的凹圆弧牙型螺纹很类似，但事实果真如此吗？让我们看一幅示意图。

例 6-9 （图 6-11）

在加工凹圆弧牙型螺纹时，我们只关注圆弧牙型，但两牙之间的小直线我们并不关心。

当加工凸圆弧牙型螺纹时，我们除了要加工圆弧牙型，还得把牙底的那段小直线加工出来。另外在圆弧拟合与刀具选择上，都比凹圆弧牙型复杂！

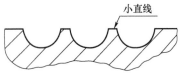

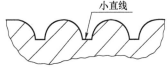

图 6-11

通过图 6-11 的描述，就不需要再过多地介绍这两种螺纹的区别。

那么接下来我们详细地分析凸圆弧牙型螺纹的加工思路。

首先，对刀具轨迹进行剖析。在正弦曲线螺纹这一节说过，加工螺纹其实就是拟合出整个牙型。在本例中，要拟合整个牙型有两种方法，如例 6-10 所示。

例 6-10

方法 1（见图 6-12）：

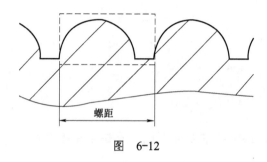

方法1：拟合虚线框内的牙型。
包括半圆与一段小直线。

螺距

图　6-12

方法 2（见图 6-13）：

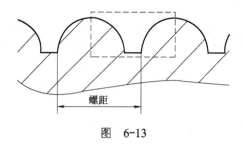

方法2：拟合虚线框内形状。包括两个1/4圆和一段小直线。

螺距

图　6-13

现在就两种方法进行分析。

这两种方法不管选择哪一种，刀具肯定选用切槽刀（定制刀具除外）。既然是切槽刀，那么采用方法 1 的话，需要在圆弧最高点处，移动一个槽刀刀宽，利用右刀尖进行加工；而采用方法 2 加工时，则不需要考虑"移动刀宽"的问题，只要拟合两个 1/4 圆和底部的小直线即可。但这里作为讲解，还是把两种方法都详细解释并编制加工程序。

我们先来看方法 1。

例 6-11 （图 6-14）

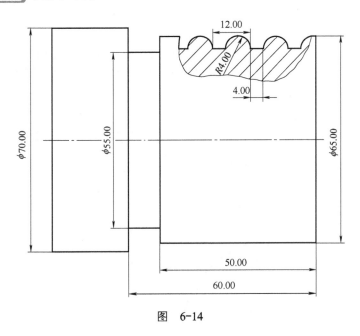

图　6-14

根据图 6-14 所示图样，选用刀宽为 3mm 的切槽刀。

在粗加工的时候虽然可以采用"先中间、后两边"方法，但是**由于牙型两侧不对称，两边余量没法均分。所以总槽口宽度不能除以 2。**

在程序结构上，需要采用两个程序加工。第一个是加工小直线与右半边的圆弧，第二个程序是加工左半边的圆弧。这样一来整个牙型就出来了。**中途要注意移动刀宽。**

最后，**假设把刀具放在小直线处。以这个点为基准，进行借刀车削加工，**如例 6-12 所示。

119

例 6-12 （图 6-15）

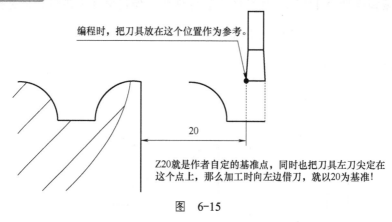

编程时，把刀具放在这个位置作为参考。

20

Z20就是作者自定的基准点，同时也把刀具左刀尖定在
这个点上，那么加工时向左边借刀，就以20为基准！

图　6-15

根据图 6-15 不难发现，在 Z 向借刀时，需要算出刀具当前所在深度所对
应的槽口总宽。这个宽度怎么算，让我们通过图 6-16 说明。

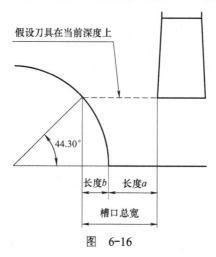

假设刀具在当前深度上

44.30°

长度b　长度a

槽口总宽

图　6-16

由图 6-16 可知，在当前深度上的槽口总宽就等于长度 *a* 加上长度 *b*。**长
度 *a* 其实就是牙槽底宽减去刀具宽度**；而**长度 *b* 则用半径－半径×cos（44.30）
即可**。当槽口总宽算好后，只要**设定一个变量向槽宽长度累加，若比当前槽宽
小，说明没借完**。下面就看看在程序中如何实现上面的想法。

例 6-13

T0202 （槽刀刀宽为 3mm）

S400 M3

G0 X65 Z20 （以 20 为基准点，在这个基点上进行 Z 向借刀动作）

#1=90 （#1 表示 90°。从示意图可以看出，当圆弧是从 90° 加工到 0° 的，

而到了 0° 时正好车到了牙底。因此这里的角度既可以拿来计算长

度 b，也可以用来判断是否加工结束！）

WHILE [#1 GE 0] DO1

#2=4-3+4-4*COS[#1]（#2 表示当前深度下的槽口宽度）

（槽口宽度=槽底宽度-刀具宽度+半径-半径×cos（角度））

#5=4*sin[#1]*2 （**#5 表示单边的牙高。随着#1 的变化而变小，从而实**

现 X 向进刀）

#3=0 （用#3 表示 Z 向借刀初始值。当#3 的值比#2 小，说明还没借完）

WHILE [#3 LE #2] DO2

G0 X[57+#5] **Z[20-#3]** （定位。**注意 Z 向是以 20 为基准点，向左边移**

动实现借刀）

G32 Z-55 F12 （G32 车削过去）

G0 X67

Z[20-#3]

IF [#3 EQ #2] GOTO1

#3=#3+2.8 （刀宽为 3mm，一次性借 2.8mm，提高效率）

IF [#3 GT #2] THEN #3=#2 （防止除不尽）

END2

N1

#1=#1-2　　　　　　　（以 2° 一个角度增量递减）

END1

G0 X100

Z100

M30

当这个程序写完，其实只是加工了右半边的小圆弧和牙底的直线段。还剩下左半边的圆弧没加工。让我们先看看右侧加工的效果图。图 6-17 左图为粗加工过程，图 6-17 右图为精加工结束。

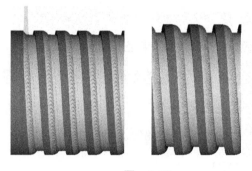

图　6-17

当右侧加工完毕，该加工左侧小圆弧了。

在加工右侧时，前面说过一定要注意刀宽的问题。那到底应该移多少距离呢？是不是移动一个刀宽就行了？请看示意图。

例 6-14 （图 6-18）

要想加工右侧小圆弧，移动刀宽的同时，还得移动一个长度 c 的距离。由此可见，并不是单单移动一个刀宽那么简单。

长度 c

20

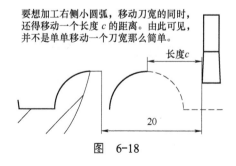

图　6-18

那么长度 c 怎么求呢？我们发现，**长度 c 其实就是圆弧半径加上牙底宽度（减去刀宽）**。那么根据图样可以求出长度 c，即 $c=4+（4-3）=5$。那么需要移动的总距离就是：$5+3=8$。因此在加工右侧小圆弧时，把基准点 20 改成 12 即可。下面就把整个程序写完。

例 6-15

```
T0202
S400 M3
G0 X65 Z12        （Z12 为移动后的基准点）
#1=90    （右侧圆弧从 90° 开始，加工到 180°）
WHILE [#1 LE 180] DO1
#2=4*COS[#1]        （#2 表示圆弧的 Z 向坐标。注意这个值是负值）
#5=4+#2        （#5 表示槽口宽度。但这里怎么是"4+"呢？因为
                当角度在 90°～180° 时，COS[#1]的值是负数。
                如果用"4-"的话，反而不对了）
#3=4*SIN[#1]*2    （X 向切削深度。随着角度变化而变化）
#4=0    （Z 向借刀初始值）
WHILE [#4 LE #5] DO2    （当#4 的值比#2 小，说明还没借完。其实需
                          要借的距离已经很小了）
G0  X[57+#3] Z[12+#2-#4]    （以基点减去圆弧的 Z 坐标（前面说过#2 的
                             值算出来是负的），即实现位移。而#4 的目
                             的，仅仅是加工位移之后 Z 向余量（即借刀））
G32 Z-55 F12
G0 X67
Z[12+#2]
```

IF [#4 EQ #5] GOTO1

#4=#4+2.8

IF [#4 GT #5] THEN #4=#5

END2

N1

#1=#1+2

END1

G0 X100

Z100

M30

写到这，程序整个结束。让我们把两个程序一起仿真看看加工效果，如图 6-19 所示。

右侧圆弧正在加工中   加工完毕

图 6-19

以上就是方法 1 的加工方法及思路。可以发现过程较复杂。对于新手来说单单"移动刀宽"这个概念可能也不太好理解。下面再介绍下方法 2。学完之后读者就发现方法 2 明显比方法 1 简单得多。

讲解之前，让我们先看看方法 2 的加工示意图（见图 6-20）。

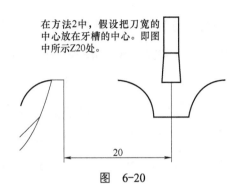

在方法2中，假设把刀宽的中心放在牙槽的中心。即图中所示Z20处。

图 6-20

图 6-20 中有个概念我们要明白—— 对刀点。乍看之下，当对刀时（Z 向），需要把槽刀刀宽中心作为 Z 零点。**其实不需要**！我们**仍可以用左刀尖对刀**，当程序中还是使用 20 为基点的时候，那么刀宽中心所在的位置就是 21.5。但在左右借刀时，是把余量平均分的。也就是说牙型槽的中心也会跟着移到21.5。这一点我们不必太纠结。**如果实在不明白，只要记住在 Z 向定位的时候，刀具距端面的长度，要大于槽宽的一半以上！**

在方法 2 里，会发现要拟合的牙型是左右对称的。因此我们很快就能想到采用"先中间、后两边"加工方法。唯一要解决的问题就是求出**当前深度下所对应的槽口宽度**。还是利用示意图来解决这个问题。

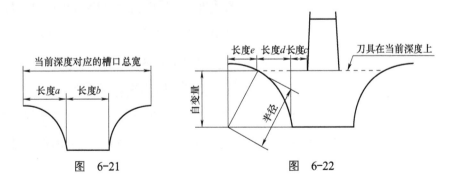

图 6-21

图 6-22

从图 6-21 中不难发现，**当前深度所对应的槽宽其实就是长度 a 乘以 2，再加上长度 b。但切记要减去刀宽！**而长度 a 的计算在方法 1 中介绍过，采用的是三角函数。但这里我再介绍另一种计算方法——勾股定理。

从图 6-22 中可以看到，只要算出长度 d、长度 c，就能把当前槽宽算出来。而长度 c 其实就是牙底宽减去刀宽，再除以 2。但长度 d 呢？

我们发现，如果把长度 e 先求来，然后再用半径减去长度 e，就能求得长度 d 了。而长度 e 又恰巧是直角三角形的一条直角边。根据勾股定理很快就能求得它的长度了。我们会在程序中实现这个计算方法。下面就正式编制加工程序。

例 6-16

T0202 （槽刀刀宽为 3mm）

S400 M3

G0 X65 Z20

#1=4 （#1 表示单边牙高。同时也表示示意图中的自变量。当#1 不断
           变化的时候，就能实现 X 向的切削深度。然后根据这个深度，算
           出当前的槽宽）

WHILE [#1 GE 0] DO1 （只有#1 的值变为 0，才能加工出整个牙深）

#2=[4-SQRT[4*4-#1*#1]]*2+4 （#2 即当前深度对应的槽口总宽。
           "SQRT[4*4-#1*#1]" 这一步算出来就
           是长度 e，然后 "4-SQRT[4*4-#1*#1]"
           算出来就是长度 d。由于牙型是对称的，
           所以把长度 d 乘以 2，最后加上牙底宽，
           那么槽总宽就能算出来了）

#3=[#2-3]/2 （#2 是当前牙槽的总宽，因此还得把刀宽减掉。由于采用的
           是左右均分余量，最终再除以 2。所以#3 就是左右两边要借
           刀的长度）

#4=0 （借刀值初始化）

WHILE [#4 LE #3] DO2

G0 X[57+#1*2] Z[20-#4] （向左边借刀）

```
G32 Z-55 F12
G0 X67                          （X 退刀）
Z[20-#4]                        （Z 退刀）
IF [#4 EQ #3] GOTO1
#4=#4+2.8
IF [#4 GT #3] THEN #4=#3
END2
N1
#4=0                            （借刀值初始化）
WHILE [#4 LE #3] DO3
G0 X[57+#1*2] Z[20+#4]          （向右边借刀）
G32 Z-55 F12
G0 X67                          （X 退刀）
Z[20-#4]                        （Z 退刀）
IF [#4 EQ #3] GOTO2
#4=#4+2.8
IF [#4 GT #3] THEN #4=#3
END3
N2
IF [#1 EQ 0] GOTO3
#1=#1-0.1                       （背吃刀量为 0.1mm）
IF [#1 LT 0] THEN #1=0
END1
N3
```

G0 X100

Z100

M30

让我们看看图 6-23 所示的加工效果图。

正在加工中　　　　　　　　加工结束

图　6-23

综合来说，本节内容较之以往难度颇大。但仔细梳理螺纹之间的数据关系其实并不复杂。所以在编制程序的时候，一旦确定了刀具轨迹，剩下的事就是寻找数据关系了！

本节到这就结束了。

6.4　直面凸椭圆牙型螺纹思路解析与宏程序编制

本节学习要点

1. 如何计算椭圆牙型的点

2. 强化"先中间、后两边"刀轨的概念

3. 完全掌握例题程序

前面一节讲解了凸圆弧牙型的异形螺纹加工。但是在技能大赛中，还有种螺纹其形式上与凸圆弧牙型很接近，它是凸椭圆牙型。

例 6-17（图 6-24）

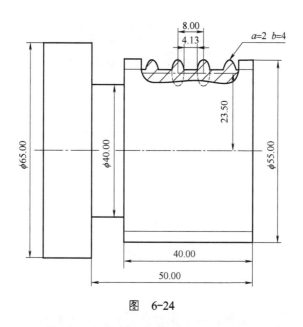

图　6-24

图 6-24 中异形螺纹的牙型为"竖椭圆"。但本质上和"圆弧形"一致。另外根据上一节的编程经验，我们优先采用"先中间、后两边"的刀具轨迹，所以得先找找需要的数据。

既然是"先中间、后两边"，那么自然就需要计算出槽口宽度。而图 6-24 中的槽口宽度其实就是牙底宽加上两侧椭圆轮廓长度。巧合的是椭圆轮廓在第4 章节有过详细的介绍。所以相对而言本例并不是很困难。

让我们先看下示意图吧。

例 6-18

虽然图 6-25 中已经给出了编程思路，但要计算出椭圆轮廓上的点所对应的直线长度才行（如点 c 所示）。在前面的章节讲到椭圆曲线编程，因此求得

点 c 对应的长度并不是难事。但本例中的求法与之前的略有不同，这里采用的是 **X 作为自变量，Z 作为因变量。** 也就是说从点 a 开始变化，一直变化到点 b 为止。

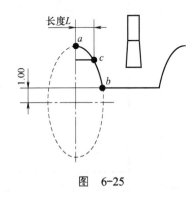

在计算槽口宽度时，底宽自然不用费脑筋。唯一要计算的是椭圆轮廓的长度。在这里把短半轴作为自变量，让它从最高点 a，变化到点 b。

图 6-25

但是根据以上思路计算出来的结果是不符合加工要求的。因为**点 a 的初始值是 4（以 X 向为自变量，由于拟合椭圆时，起点在 a 点，所以 a 的值是从 4 开始的），** 可把 4 带入到方程算算就会发现，a 点对应的 Z 向居然是 0！也就是说如果刀具在牙顶的位置时，总槽宽并没有包含两侧椭圆长度！这时候就需要结合第 4 章节的知识点了**"如果发现第一刀起点并不在加工需求起点时，可通过"手段"让它在需要的位置上！"** 这个"手段"会在程序中给出！

解决问题的思路已经明了，可以开始编制加工程序了！

例 6-19

T0202 （3mm 宽切槽刀）

S500 M3

G0 X58 Z10

#1=4 （#1 表示椭圆的 X 向起点值）

WHILE [#1 GE 1] DO1　　（#1为什么大于1,就要继续加工？因为从例6-18

中可以看出，椭圆部分的高度只要到点*b*就行）

#2=2*SQRT[1−#1*#1/4/4]　（#2 表示当前点所对应的 *Z* 向长度。这里一

定要注意方程！是用 *X* 向作为自变量，而不

是以往的 *Z* 向做自变量！）

#3=1.935−#2　（这里的 1.935 表示什么？根据图样可以知道，螺距为 8mm，

牙底宽是 4.13mm，剩余的总长就是 8−4.13=3.87mm。然后

把这个结果除以 2，即得 1.935mm。同时这一步就是"手段"。

既然直接计算出来的#2 是 0,而我们需要的长度是 1.935mm）

#4=#3*2+4.13−3　（#4 表示当前的槽口总宽，注意减去刀宽 3mm）

#5=0.5*#4　　　　　（#5 就表示左右两边要借刀的距离）

#6=0　（*Z* 向借刀起始值）

WHILE [#6 LE #5] DO2

G0 X[23.5*2+#1*2] Z[10−#6]　（向左借刀。黑字体部分表示当前的 *X* 深

度。要注意的是#1 要乘以 2）

G32 Z−45 F8

G0 X58

Z[10−#6]

IF [#6 EQ #5] GOTO1

#6=#6+2.8

IF [#6 GT #5] THEN #6=#5

END2

N1

#6=0　（*Z* 向借刀起始值）

WHILE [#6 LE #5] DO3

G0 X[23.5*2+#1*2] Z[10+#6]　（向右借刀）

G32 Z–45 F8

G0 X58

Z[10+#6]

IF [#6 EQ #5] GOTO2

#6=#6+2.8

IF [#6 GT #5] THEN #6=#5

END3

N2

#1=#1–0.05　　　（背吃刀量为 0.05mm）

END1

G0 X100

Z100

M30

程序结束，让我们看看图 6-26 所示的加工效果图！

正在加工中　　　　　　　　　　　加工完毕

图　6-26

从本节可以看出，任何牙型的螺纹，其实都是找出曲线上的点而已。

6.5 凹凸圆弧连接（整半圆）螺纹思路解析与宏程序编制

本节学习要点

1. 如何定位牙型上的点

2. 使用球刀加工时，如何"巧避"刀具半径

3. 加工到相切部分时，如何重新计算刀具起始点

4. 如何进行粗加工

在前面的几节内容里，讲解的螺纹牙型都是单一曲线，在本节中将介绍一种全新的牙型——凹凸圆弧相切！

首先看一份图样。

例 6-20 （图 6-27）

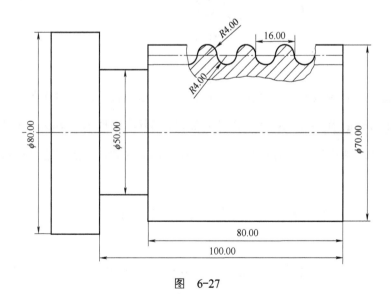

图 6-27

乍看之下，这图样有点复杂。但我们想想就能发现，无论是凹圆弧或者凸圆弧，都讲解过。这份图样与之前的不同之处在于把两种圆弧结合了。

所以这个螺纹在程序编制上应该问题不大。但依然要解决几个问题：

1. 刀具的选择

2. 加工方法

3. 如何保证两圆弧在加工时相切

只要解决上面的 3 个问题，这个螺纹就能做出来了。现在就对上面的几个问题一一解答。

首先是第一个：刀具。

要加工这个螺纹，球刀是唯一的选择了！因为两个圆弧都是整半圆。但选择球刀后就会面临一个问题：刀具半径。

对刀具半径的处理，我推荐的方法是**把半径算进去**，即以**球刀圆心为对刀点**。这里以 R2mm 球刀为例，如图 6-28 所示。

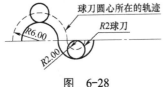

图 6-28

例 6-21

从图 6-28 中我们可以发现，当采用球刀圆心编程，**加工凹圆弧时，实际的半径不是 4mm，而是 2mm；当加工凸圆弧时，实际半径也不是 4mm，而是 6mm。** 这就是把刀具半径带进去算的结果。因此在编程的时候，一定要注意实际圆弧半径的问题！

刀具问题已经解决，并且相关的注意事项也详细解释。现在可以看**第二个问题：加工方法。**

说到加工方法，我还是推荐"X 向偏移法"，中途再写上"去除空刀"程序段，可轻松加工此螺纹。但如何偏移，还是来做一个讲解吧。

例 6-22

按照图 6-29 的思路，只要判断中心距是否满足条件就知道有没有车完。

最后让我们看看**第三个问题：如何保证两圆弧在加工时相切。**

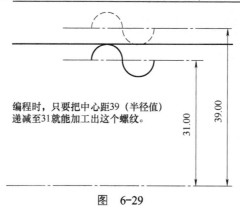

编程时，只要把中心距39（半径值）
递减至31就能加工出这个螺纹。

图　6-29

当凹圆弧加工好了，就该加工凸圆弧了。但<u>这里要错开一个距离才能保证相切</u>。那么这个距离是多少呢？这得看在编制加工圆弧的程序时，以圆弧的哪个点为基准。**我个人一般都以圆弧的圆心为基准**，方便、简单。如果用我的方法，那么**要错开的距离就是两个圆弧的圆心距！**上述 3 个问题解决，可以编制加工程序了。

例 6-23

T0505　　（*R*2mm 球刀，圆心对刀）

S400 M3

G0 X74 Z20　　（这里要注意 *X* 不能定在 70mm 处。要把刀具半径算进去）

#1=78　　（根据例 6-22 可知，偏移后的中心距是 78，只要把它递减至 62 即可）

WHILE [#1 GE 62] DO1

#2=0　（凹圆弧起始角）

WHILE [#2 GE −180] DO2　（加工凹圆弧，所以角度是从 0° 到−180°）

#3=#1+2*SIN[#2]*2　　　（#3 表示凹圆弧的 X 值。注意前面说过的实际

　　　　　　　　　　　　　　　圆弧半径问题。凹圆弧应该是 2mm）

IF [#3 GT 74] GOTO1　（判断是否有空刀）

#4=20+2*COS[#2]

G0 X#3 Z#4

G32 Z−86 F16

G0 X76

Z#4

N1 #2=#2−2

END2

#2=0　　（凸圆弧起始角）

WHILE [#2 LE 180] DO3　（加工凸圆弧）

#5=#1+2*SIN[#2]*6　　　（注意凸圆弧在加工时的半径为 6mm）

IF [#5 GT 74] GOTO2

#6=20+6*COS[#2]−8　　　（这里要注意偏移一个圆心距 8mm，否则不能

　　　　　　　　　　　　　　　相切）

G0 X#5 Z#6

G32 Z−86 F16

G0 X76

Z#6

N2

#2=#2+2

END3

#1=#1-1　　（背吃刀量为 1mm）

END1

G0 X100

Z100

M30

程序已经写完，让我们看看仿真加工的效果（见图 6-30 和图 6-31）。

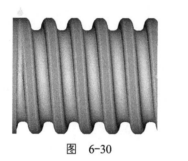　　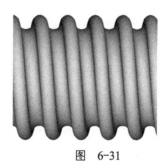

图　6-30　　　　　　　　　　　　图　6-31

但是这程序有个问题：效率太慢！因为无论是哪一层加工，角度的变化量始终是 2°，如果在最后一刀精车前，角度都大点的话，那么效率就很高了（可以在程序中改变角度增量值），这方法在第 5 章介绍过，这里不再赘述了。

本节到这里就结束了。

6.6　椭圆曲面上的螺纹加工思路与程序编制

本节学习要点

1. 掌握椭圆螺纹加工的要领

2. 掌握椭圆曲面三角螺纹加工方法

3. 掌握椭圆曲面圆弧螺纹加工方法

4. 吸收例题程序

在前面几节，主要讲解了直面上特殊牙型螺纹的加工方法，本节将讲解一种全新的螺纹，螺杆母线为椭圆的特殊螺纹。

在技能大赛中曲面螺纹出现频率非常高，最早出现在 2008 年全国数控技能大赛中，其实这种螺纹的加工思路与普通螺纹非常相似，加工普通螺纹时一般用 **G32**（**该指令是很神奇的**）走直线轨迹，而加工椭圆曲面螺纹时只要让 G32 走椭圆曲线轨迹即可。因此让我们先解决第一个问题：如何让 G32 走椭圆轨迹。

想用 G32 车削螺纹，得先把螺纹的母线车好。就像要车 M30mm×1.5mm 的螺纹，得把外圆车到 29.85mm 左右才能加工在第 4 章讲解过椭圆曲线的车削，当时用 G01 拟合了曲线。**如果想车椭圆曲面的螺纹，得先把椭圆车好**。直接上程序说明这个问题。

例 6-24（图 6-32）

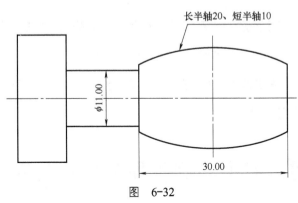

长半轴20、短半轴10

φ11.00

30.00

图 6-32

……

（程序 1 G01 拟合）

#1=15

N1 #2=2*10*SQRT[1-#1*#1/20/20]

G01 X#2 Z[#1-15] F100

#1=#1-0.1

IF [#1 GE −15] GOTO1

……

图 6-33 为其效果图。

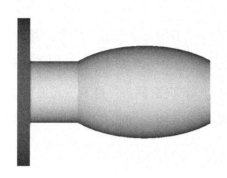

图　6-33

程序 1 非常简单。但它是用 G01 拟合曲线的，车完后没有螺旋线的感觉。但我们在椭圆轮廓的基础上加 G32 指令（其实就是以 G32 拟合椭圆，而非 G01），车一条螺距为 5mm 的螺纹。看看加工后有什么不同。

……

（程序 2 在已加工好的椭圆上执行 G32 指令）

#1=15

N1 #2=2*10*SQRT[1−#1*#1/20/20]

G32 X#2 Z[#1−15] F5

<u>#1=#1-5</u>　　　（这里的递减量要与螺距相等，如果不等，螺距没法体现）

IF [#1 GE −15] GOTO1

从效果图（见图 6-34）中可以看到，椭圆表面明显多了一条螺旋线。而且是沿着椭圆轨迹。

图 6-34

　　其实上面的程序一般用于"椭圆曲面三角"螺纹，通过修改"X向磨耗"的方法让刀具下切形成牙型。但如果椭圆曲面上的牙型不是三角形，而是圆弧呢？或者是椭圆呢？很显然，"X 向磨耗法"是没法满足加工需求的。所以接下来将着重介绍如何加工椭圆曲面上的圆弧牙型螺纹！让我们先看一份图样（该图样引自某大赛图）。

例 6-25 （图 6-35）

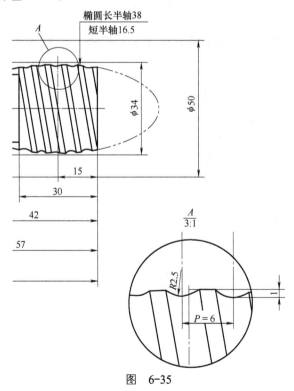

图 6-35

从图样中可以得知椭圆螺纹部分的长度是 30mm，轴向螺距是 6mm，圆弧牙型半径为 2.5mm，牙深为 1mm（单边）。椭圆长短半轴分别为：38mm、16.5mm。有了这些数据就可以加工了！

加工之前会遇到几个问题：

1）如何让刀具在椭圆曲面上走出圆弧牙型。

2）圆弧是非半圆的，那么就涉及起始角和终止角。这个角度该如何确定。

3）加工螺纹时一般都会考虑"导入量""导出量"。那么椭圆螺纹要考虑的话该怎么做。

4）牙深为 1mm，那么圆弧中心相对于椭圆在什么位置。

现在就一一对上面的问题来解答。首先来看第四个问题。

由于圆弧深度是 1mm，而它的半径是 2.5mm。说明该圆弧的中心点不在当前椭圆上，如果拿椭圆的短半轴 16.5mm 计算。圆弧的中心点肯定在 X18，看图便知（见图 6-36）。

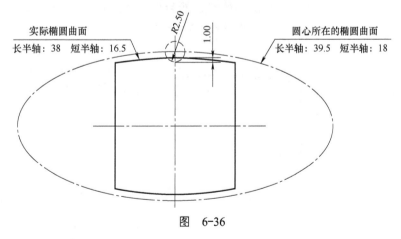

由图可知，在加工这个螺纹的时候，是不能直接以实际椭圆曲面为准的。必须要考虑到圆弧中心的位置。这就像前面章节讲到的直面圆弧螺纹，加工尺寸要把圆弧中心距算进去。

图 6-36

解决了圆心距的问题，现在再看第二、第三个问题。

其实第三个问题非常容易，导入量和导出量，只要把椭圆母线延长就行。

但第二个问题关于角度，需要画图说明（见图6-37）。

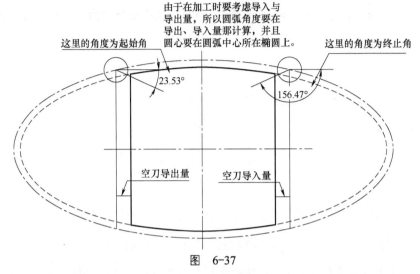

图 6-37

图6-37就是关于起始角与终止角的求法。读者朋友一定要牢记！

最后再来看看第一个问题：如何让刀具在椭圆曲面上走出圆弧牙型！

其实在加工直面圆弧牙型螺纹的时候，也就是用 G32 沿着外面母线车，只不过车之前要把圆弧的点定位好。那么椭圆上的圆弧螺纹车削思路也是这样的。需要定位好圆弧点，只不过不再走外圆母线，而是椭圆母线（见图6-38）。就这么简单。先用 CAD 找出需要的点，然后用程序来说明这个问题。

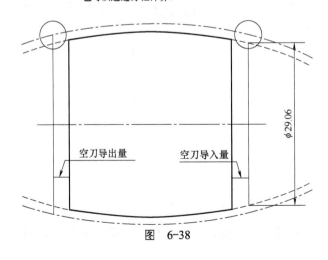

图 6-38

例 6-26

T0101 （35°菱形尖刀）

S500 M3

G0 X29.06 Z3 （导入量为 3mm）

#1=-23.53 （**#1 表示圆弧起始角度**。之所以是负值，前面的章节已经讲过）

WHILE [#1 GE -156.47] DO1

#2=2.5*SIN[#1]*2 （圆弧的 X 点坐标）

#3=2.5*COS[#1] （圆弧的 Z 点坐标）

#4=18 （#4 表示椭圆 Z 向起始值。图样中是 15，但在此加了 3mm 的导入量）

G0 X[29.06+#2] Z[3+#3]

WHILE [#4 GE -18] DO2

#5=2*18*SQRT[1-#4*#4/39.5/39.5] （切记，这里要以圆弧中心所在的椭圆轨迹为准，而不是图中椭圆！）

#6=#5+#2 （把圆弧的 X 值叠加到椭圆的 X 值上。由于#1 是负数，所以算出来的圆弧 X 值也是负数。因此这一步实际上就是用椭圆的 X 值减去了圆弧的 X 值，从而实现凹圆弧车削）

#7=#4+#3-15 （这一步是把圆弧的 Z 值叠加到椭圆的 Z 向。原理和上一行一样。另外这里不能减去 18，因为还有 3mm 是导入量）

G32 X[#6] Z[#7] F6

#4=#4-6

END2

G0 X35

Z3

#1=#1-2

END1

G0 X100

Z100

M30

程序写完，让我们看看加工效果图吧（见图 6-39）!

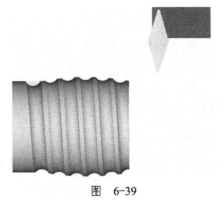

图　6-39

　　本节到这就结束了。其实在技能大赛里曲面螺纹都不是难点。只有在工业领域，有些曲面螺纹是非常复杂的，大赛也不会考到。**另外本节示例没有考虑数值能否被整除的情况**，请读者自行处理。

第7章

通用宏程序编制

7.1　通用宏程序初步

在前面的章节里，介绍了关于非圆曲线、异形螺纹的宏程序编制。但那些程序的针对性很强，没有扩展性、通用性。就拿讲过的"直面圆弧螺纹"来说吧，今天我想车一个大径为 50mm、圆弧半径为 3mm、螺距为 12mm 的螺纹，明天我又想车一个大径为 47.5mm、圆弧半径为 3.2mm、螺距为 13mm 的螺纹。很明显这两个程序只能用在相对的图样上。那么有没有一种程序，能够一劳永逸地解决同类型零件的编程呢？答案是肯定的。接下来就看看这种程序——通用宏程序。

其实**通用宏程序，就是将变化的部分集合在一起**。这一点会在本章中详细介绍。通用宏程序是技术员们自己创造的方法，名称也是自定义的。编制通用宏程序的方法比较多，根据每个人不同的习惯，最常见的是 G65 调用法和公共变量法。

让我们先来看 G65 调用法。

格式：G65 P 子程序名 地址名

关于地址名我们暂不管，先看看 P。其实 G65 和 M98 子程序调用很类似。P 后面跟着子程序的名字。比如说现在有个子程序 O1100，那么在主程序利用 G65 调用时，写成 G65 P1100 即可（那个大写字母 O 不需要）。

接下来就该谈谈非常关键的地址名了。

其实**地址名说白了就是给其对应的局部变量传递数据的**。地址名分两种，先看第一种，见表 7-1。

表 7-1　地址名与变量名

地　址　名	对应的局部变量名	地　址　名	对应的局部变量名
A	#1	Q	#17
B	#2	R	#18
C	#3	S	#19
D	#7	T	#20
E	#8	U	#21
F	#9	V	#22
H	#11	W	#23
I	#4	X	#24
J	#5	Y	#25
K	#6	Z	#26
M	#13		

表 7-1 中这么多数据看起来很晕。通过一个例子加以说明。

如果要通过地址名的方法编写宏程序，那么一定是分主程序与子程序的。其中，宏程序主体部分（加工部分）写在子程序里，而调用的程序写在主程序。比如要写一个外圆的通用宏程序，程序如例 7-1 所示。

例 7-1（图 7-1）

毛坯：ϕ50.00mm×73.00mm

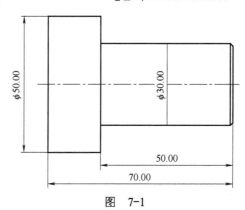

图　7-1

前面说过通用宏程序既然是通用，说明程序要能适应图样的变化。比如

图 7-1 中要车削一个 ϕ30mm×50mm 的成品。那如果我又想车一个 ϕ26mm×48mm 的零件呢？由此可见，编制的程序要包含这个变化因素。所以**编制通用宏程序一定要把会变化的数据找出来！**

程序示例：

O0001 （主程序）

（#1 毛坯直径）

（#2 最终 X 尺寸）

（#3 Z 向车削长度）

（#4 背吃刀量）

（#5 进给速度）

（小技巧：在写程序的时候，可以用小括号注释，方便编写通用宏程序）

T0101 （90° 外圆车刀）

S700 M3

G0 X50 Z2

G65 P2 **A50. B30. C50. I2. J150.**

　　　　（注意要用小数点，否则数据传输进去是原值的千分之一）

G0 X100

Z100

M30

O0002

G0 X[#1+2] （定位）

WHILE [#1 GE #2] DO1 （由于#1 是毛坯，#2 是成品 X 尺寸，所以当#1 的值还大于#2 时说明没车完）

G0 X#1

G01 Z-#3 F#5

X[#1+2] （退刀）

G0 Z2

#1=#1-#4 （#4 是背吃刀量）

END1

M99 （由于是子程序，所以结尾处别忘记 M99）

下面开始分析程序以及编程时的注意点。

1）在主程序中，我们使用 G65 来调用 2 号子程序。后面跟着的 A、B、C、I、J 就是地址名。根据表 7-1 可以看出 A、B、C、I、J 分别对应变量#1、#2、#3、#4、#5。那么这里是什么意思呢？其实很简单。**在调用子程序 O0002 的时候，主程序的数据 50、30、50、2、150 由地址名分别赋值给了子程序里对应的#1、#2、#3、#4、#5**。虽然子程序没有对这些变量赋值，实际上已经被主程序传进来了。

2）在主程序传递数值的时候，整数的值必须在后面加上小数点。比如你要传 **A50**，那么必须写成 **A50.**，否则传进去的数就是 0.05！或许这和系统参数设置有关，但不论如何，我都建议加上小数点。

3）在传递数据的时候，#1、#2、#3 分别对应地址名 A、B、C。**当要用到#4 时，千万别想当然地用地址名 D。如果你用地址名 D，那么在子程序例的#4 将没有任何数据。因为地址名 D 对应的变量是#7！**

4）在上例程序中，如果把毛坯换成 60mm，Z 向车削长度改为 70mm，那么在主程序中改变 A、C 的数据即可加工。甚至改变背吃刀量也没问题（这里没考虑能否整除的问题）。所以只要找好会变化的数据，然后在子程序中用变量表示，加工思路是不变的。

让我们看一下加工效果（见图 7-2）。

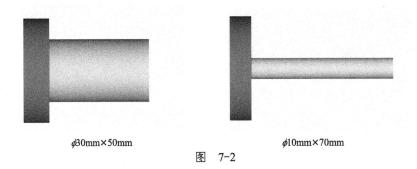

$\phi 30mm \times 50mm$ $\phi 10mm \times 70mm$

图 7-2

本例分析到这就结束了。但有读者可能会问：如果想用到#10、#29、#30 等变量该怎么办呢？表 7-1 中有没有这些变量对应的地址名啊。就这个问题得介绍另一个地址名与变量名表，见表 7-2。

表 7-2　地址名与变量名

地　址　名	对应的局部变量名	地　址　名	对应的局部变量名
A	#1	I6	#19
B	#2	J6	#20
C	#3	K6	#21
I1	#4	I7	#22
J1	#5	J7	#23
K1	#6	K7	#24
I2	#7	I8	#25
J2	#8	J8	#26
K2	#8	K8	#27
I3	#10	I9	#28
J3	#11	J9	#29
K3	#12	K9	#30
I4	#13	I10	#31
J4	#14	J10	#32
K4	#15	K10	#33
I5	#16		
J5	#17		
K5	#18		

在表 7-2 中，可以看到变量的个数明显比表 7-1 的多。但是它们的地址

名却发生了变化。**在使用表 7-2 的地址名传递数据时，一定要按照顺序传递！**其他没任何区别。

但有没有想过为什么表 7-1 中只有 21 个字母？让我们看看没写的几个字母就知道为什么了。

除去 21 个字母，还有 5 个分别是：G、L、N、O、P。看到这些字母我们很快就能想到 G 表示准备指令、L 表示循环次数、N 表示程序段号、O 表示程序号标识、P 表示程序号调用。这些字母都有特定的含义是不能使用的。虽然在主程序中没法使用这 5 个字母给对应的变量传递数据，但是在子程序中可以使用这 5 个字母所对应的变量#10、#12、#14、#15、#16。这个根据程序来自己定义了。这里不多赘述。

除了 G65 调用宏程序以外，还有 G66 指令。但这里不介绍 G66。它们的区别是 **G66 为模态指令，需要用 G67 注销，而 G65 是非模态的**，仅此而已。另外，通用宏程序可以设置数据监测变量。不过对于新手来说，我并不建议这么做。

本节到这里就结束了，读者一定要看懂例题和牢记两个表格的数据。否则后面的示例程序难度比较大，会给你带来一定的压力。

7.2 通用宏程序之直槽

本节学习要点

1. 掌握例题程序中的刀具轨迹

2. 加深"会变化"概念

3. 吸收例题程序

上一节我们使用宏程序加工了外圆。在编程前我们找出了可能会变化的数据用变量表示。那么本节要讲解的直槽，第一步也是先找出会变化的数据。让我们先来看图样，然后再分析数据。

例 7-2（图 7-3）

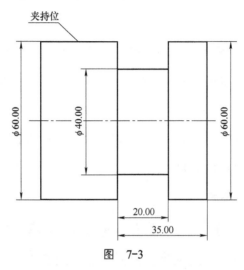

图 7-3

图 7-3 的直槽非常简单，其实根本用不着特地写个通用宏程序。但学习要循序渐进，必须从最基本的开始。

如果要编制直槽的通用宏程序，第一步是确定好刀具轨迹。这个问题在前面的章节中强调多次了！

本例的刀具轨迹就很简单，从槽口的右边下刀，切到一个深度后，刀具抬上来，向左移动。再切到同一个深度，一直切到槽宽合格为止。然后再进行下一个切削深度，循环往复，如图 7-4 和图 7-5 所示。

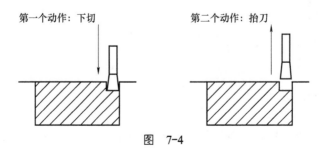

图 7-4

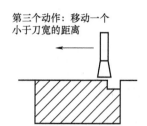
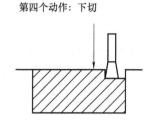

第三个动作：移动一个
小于刀宽的距离

第四个动作：下切

图 7-5

刀具轨迹分析完毕，下面就该进行第二步了：找出会变化的数据量。

这些数据量我们一起分析：

1．槽刀刀宽

这个数据肯定是会变化的。比如我今天用 5mm 的切槽刀，但当切的时候零件很振，改为 4mm 的切槽刀也不是没可能。如果不考虑这个数据，那么程序修改起来还是很麻烦的。

2．槽的起始直径

这个实在太容易想到了。这份图样的槽起始直径是 50mm，下一份说不定是 54.21mm 呢！

3．槽底直径

这个数据也很容易想到。槽的深度是有深有浅，干脆算进去得了。

4．槽的 Z 向起点（端面为基准）

这个也得考虑。万一槽 Z 向起点变了呢。

5．背吃刀量

这个最好能够考虑进去。一刀切多深可自由定取。

6．进给率

这个就不用说了。

7．Z 向移动量

这个数据得考虑。在切槽时 Z 向移动距离可以随着刀宽变化而定取。

8. 槽的 Z 向终点

这个槽有多宽总得算进去吧。

经过分析，大致上可得出上面 8 个会变化的数据。将这些数据写成变量，到时候在子程序里确定好它们的关系。只要在主程序修改地址名就能改变槽的尺寸。

现在可以开始编写该槽的通用宏程序了。

例 7-3（注意：写通用宏程序需要长期的积累。建议读者循序渐进！）

主程序：

O0010

T0202　（3mm 切槽刀）

S600 M3

G0 X62 Z2

（子程序内的局部变量定义如下：）

（A=>#1　槽口直径）

（B=>#2　槽底直径）

（C=>#3　槽的 Z 向起点，未加刀宽）

（I=>#4　槽的 Z 向终点）

（J=>#5　槽刀刀宽）

（K=>#6　背吃刀量）

（D=>#7　Z 向移动距离）

（E=>#8　进给率）

G65 P0011 A60. B40. C-15. I-35. J3. K1.5 D2.5 E100.

（通过 G65 这一步，就把 8 个数据分别传到了对应的变量）

G0 X70

Z10

M30

子程序:

O0011

（注意：在子程序内，地址名对应的变量不要使用。防止里面数据被覆盖）

#9=#1   （用#9 保存#1 的数值）

#10=#3-#5   （#10 表示加上刀宽后的 Z 向起点）

G0 X[#9+2]   （这一步是定位到 X 向安全起点）

Z#10

#1=#1-#6*2   （先算好第一次吃刀量。防止第一刀空刀）

WHILE [#1 GE #2] DO1

#11= #10   **（用#11 保存#10 的数值。因为在下面的程序段会**

改变 Z 向起点数值；如果不保存，那么在循环体内，

Z 向的起点数据会被修改。导致无法加工）

WHILE [#11 GE #4] DO2

G0 Z#11

G01 X#1 F#8   （切下去）

X[#1+#6*2+2]   （抬刀。这个距离要计算好）

IF [#11 EQ #4] GOTO1

#11=#11-#7   （开始移动一个距离）

IF [#11 LE #4] THEN #11=#4   （防止不能整除）

END2

N1

IF [#1 EQ #2] GOTO2

#1=#1-#6*2　　　　　　（计算好下一刀切削深度双边值）

IF [#1 LE #2] THEN #1=#2

END1

N2 M99

程序结束，让我们看看图 7-6 所示的效果图。

图　7-6

现在把槽的 Z 向终点、刀具宽度调整下，看是否满足通用的效果。

修改后的刀宽为 6mm，Z 向终点是-60mm。

看图 7-7 所示的加工效果图。

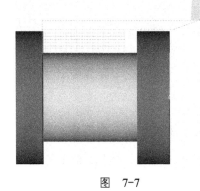

图　7-7

由此我们可以发现，数据不论怎么调整，程序都可以适应（注意这里没有判别数据是否输入有错，因此输入时请输入正确的数据）。

本节到此就结束了。读者务必吸收例题程序！

7.3　通用宏程序之任意角度槽

本节学习要点

1. 掌握例题程序中的刀具轨迹

2. 学会计算槽口宽度

3. 吸收例题程序

上一节讲到直槽的通用宏程序编制，但有些槽的两侧是带角度的。所以这一节来讲解带角度的槽。

要编制两侧带有角度的槽，这一点并不难。其计算方法在梯形螺纹中也提到过。

同样的，我们先想好刀具轨迹，然后根据轨迹来找出需要的数据。

本节示例使用的刀具轨迹不是先中间后两边，因为槽左右两侧斜坡长度不一定相等，所以我们采用下面这种刀具轨迹：

例 7-4 （图 7-8）

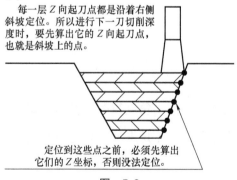

每一层 Z 向起刀点都是沿着右侧斜坡定位。所以进行下一刀切削深度时，要先算出它的 Z 向起刀点，也就是斜坡上的点。

定位到这些点之前，必须先算出它们的 Z 坐标，否则没法定位。

图　7-8

至于如何计算这些点，在程序中会反映出来。同时这个槽在实际中也不会用宏程序来编制，所以本例的程序只以讲解为主，不考虑余量、刀尖半径等。

下面我们该看看图样了。

例 7-5 （图 7-9）

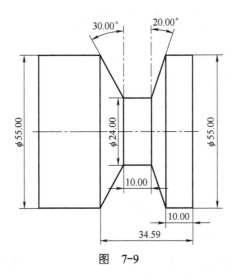

图　7-9

现在让我们分析看有哪些会变化的数据要用变量表示。

很明显，这个槽要比上一节的直槽数据多：

1. 槽口直径

2. 槽底直径

3. 切槽刀刀宽

4. 槽底宽度

5. 槽的 Z 向起点

6. 槽的 Z 向终点

7. 槽左侧与 X 轴夹角　　（角度很有可能随意变化）

8. 槽右侧与 X 轴夹角　　（角度很有可能随意变化）

9. 背吃刀量　　　　　　（读者可以根据实际情况自行设定）

10. Z 向移动量　　　　（小于刀宽）

由此可见，需要 10 个变量才行！

考虑到上节用的是第一种地址名，本节采用第二种地址名，方便读者
学习。

直接上程序吧！

例 7-6

主程序：

O0100

T0202　（3mm 刀宽）

S600 M3

G0 X56 Z2

（A #1　槽口直径）

（B #2　槽底直径）

（C #3　切槽刀刀宽）

（I1 #4　槽底宽度）

（J1 #5　槽的 Z 向起点）

（K1 #6　槽的 Z 向终点）

（I2 #7　槽左侧与 X 轴夹角）

（J2 #8　槽右侧与 X 轴夹角）

（K2 #9　背吃刀量）

（I3 #10　Z 向移动量）

（其实 I、J、K 地址名没什么特别，只要你按照顺序排就行）

G65 P0101　A55. B24. C3. I10. J−10. K−34.59 I30. J20. K0.2 I2.8

G0 X60

（注意 I、J、K 按照顺序排列）

Z10

M30

子程序：

O0101

#11=0.5* [#1-#2]　　　（算出单边槽深并赋值给#11 变量）

#12=#11*TAN[#8]　　　（算好右侧小直线段总长，以此为基准）

#13=#5-#3　　　（槽 Z 向安全起点，把刀宽算进去）

G0 X[#1+2]　　　（定位到 X 向的安全点）

Z#13　　　（定位到槽 Z 向的安全起点）

WHILE [#11 GE 0] DO1

#14=ABS[#13]+#12-#11*TAN[#8]

G0 Z-#14（"#12-#11*TAN[#8]" 这一步是算出差值，即把下一个斜坡的点算好）

#15=#4+#11*TAN[#7]+#11*TAN[#8]-#3　　　（算出当前深度下，Z 向要移动的总长。记得把刀宽减掉）

#16=0（#16 是 Z 向移动的初始值）

WHILE [#16 LE #15] DO2　　　（#16 的值如果小于等于#15，说明槽宽还没车完）

G0 Z-[#14+#16]　　　（开始向左移动）

G01 X[#2+2*#11] F100　　　（切削深度）

U[#9*2+1]　　　（退刀）

IF [#16 EQ #15] GOTO1

#16=#16+#10

IF [#16 GT #15] THEN #16=#15

END2

N1

IF [#11 EQ 0] GOTO2

#11=#11-#9

IF [#11 LT 0] THEN #11=0

END1

N2 M99

程序结束，让我们看看图 7-10 所示的效果图。

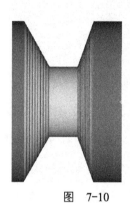

图　7-10

如果把两侧的角度改动下，左侧为 45°，右侧也是 45°，看是否满足加工。效果如图 7-11 所示。

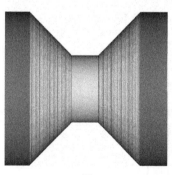

图　7-11

图 7-11 中的线条明显，是因为计算机显示缘故，可以忽略。

本节程序难度较大，并且涉及的计算方法也不少。所以基础薄弱的读者可放慢脚步，按照我的思路用笔画画，相信你能攻克它！

7.4 通用宏程序之矩形螺纹

1. 完全掌握矩形螺纹多线加工方法

2. 熟悉矩形螺纹参数

3. 吸收例题程序

前一节讲了任意角度槽的通用宏程序编制。对于基础不太好的读者来说是折磨。好在实际当中很少用到宏程序加工槽，所以不必太担心。当然如果你能完全吸收那再好不过。本节及后面的内容非常关键，因为螺纹类零件在实际生产中用得较多，所以一定要消化这些知识点。

本节讲解矩形螺纹的通用宏程序编制。记得在第 5 章有讲到过矩形螺纹，但那只是针对某一份图样，而且没有分线的功能。在本节中不但会讲解它的通用宏程序，还会加入分线功能，最关键的是采用"层优先"的分线方法，所以内容较之以往会丰富很多。

首先看下矩形螺纹图样，用之前的即可。

例 7-7 （图 7-12 ）

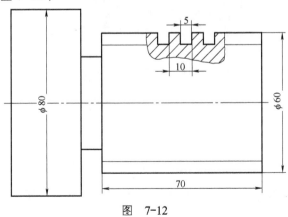

图 7-12

图 7-12 是单独一份图样，而本节程序是通用的。这里仅仅是参考图 7-12

的数据方便编程而已。

现在直接进入正题，第一步是分析刀具轨迹。这个问题在前面讲过，所以不再重复解释。但是关于多线加工，上面说过采用"层优先"。那什么是"层优先"？之前写的多线螺纹宏程序又是以什么优先呢？

所谓**层优先，其实就是车削每条螺旋线时，切削深度是一致的**。假设有个三线螺纹，层优先的做法是：先把第一条螺旋线切削 0.1mm 深，这时不再继续下切，而是加工第二条螺旋线，也切削 0.1mm 深，同样的，此时不再下切，而是加工第三条螺旋线，切削 0.1mm 深，当三条螺旋线都切到 0.1mm 时，再返回到第一条螺旋线车削，如此往复。

而之前采用的是"深度优先"法，细心的读者就会发现，深度优先时，总是先把第一条螺旋线彻底切到牙底，然后再加工第二条。第二条也切到牙底了，再加工第三条。那么这两种方法有什么区别呢？

区别就在于加工出的螺纹牙型精度不同。由于刀具在加工过程中会磨损，如果线数较多，采用深度优先法加工的话，最后一条螺旋线的精度肯定比第一条低。因为刀具的磨损，误差就越积越多。而采用层优先，由于刀具磨损比较均匀，所以车出的牙型精度一致。

本节矩形螺纹的通用宏程序肯定要考虑线数，因此这里采用层优先法加工。

在编程前，我们先分析一个问题：如果要实现层优先，那么第一条切好后，得换一头加工，并且加工的深度与第一条螺旋线相同。第二条螺旋线加工完毕，此时得返回到第一条螺旋线，并且要在之前的深度上下切。那么如何拿到第一条的切削深度数据？以及再次切第二条时，又该如何拿到它对应的切削深度？**这个过程中就会涉及数据保存与转存的问题**，而且并不简单！这些问题会在程序中解决。

接下来就该分析哪些数据是变化的，把它们统统设置成变量！

1. 螺纹大径（这个肯定不能是固定值）

2. 螺距

3. 线数

4. 螺纹 Z 向起点

5. 螺纹 Z 向终点（其实就是螺纹长度）

6. 螺纹刀刀宽

7. 背吃刀量

8. Z 向借刀量（螺旋槽宽大于刀宽时，必须借刀）

差不多就这八个数据了。有读者会问为什么没有牙高、槽宽或者其他数据？因为那些数据可以从上面的八个数据中计算出来。

现在开始编制程序。

例 7-8

主程序：

O1000

T0202   （矩形螺纹刀，宽 3mm）

S600 M3

（A #1   螺纹大径）

（B #2   螺距）

（C #3   线数）

（I #4   螺纹 Z 向起点）

（J #5   螺纹 Z 向终点）

（K #6   螺纹刀刀宽）

（D #7   背吃刀量）

（E #8   Z 向借刀量）

G65 P1001 A60. B10. C3. I15. J−120. K3. D0.2 E2.8

```
G0 X65

Z10

M30


子程序：

O1001

G0 X[#1+2] Z#4                （定位到安全点）

#9=360/#3                     （每一线对应的角度，分线用）

#10=0.5*#2+0.02−#6            （#10 表示牙槽宽度，其中 0.02 是间隙值）

#11=0.5*#2+0.15               （#11 表示牙高。其中 0.15 是牙顶间隙）

#13=0                         （#13 表示 X 向切削深度起始值）

#20=#2*#3                     （#20 表示导程）

WHILE [#13 LE #11] DO1        （当#13 的值小于等于#11，说明 X 向没车完）

#12=0                         （#12 表示角度增量，用来判别线数是否加工
完毕）

WHILE [#12 LT 360] DO2        （当#12 小于 360°，说明线数没加工完）

#14=0                         （#14 表示 Z 向借刀起始值）

WHILE [#14 LE #10] DO3        （当#14 的值小于等于#10，说明 Z 向没借完）

G0 X[#1−#13*2] Z[#4−#14]      （定位到螺纹起刀点）

G32 Z#5 F#20 Q#12             （车削过去，这里 F 表示导程）

G0 X[#1+2]                    （退刀）

Z[#4−#14]                     （Z 向回到上一刀的起刀点）

IF [#14 EQ #10] GOTO1

#14=#14+#8                    （Z 向往左边借刀）

IF [#14 GT #10] THEN #14=#10
```

165

END3

N1

#12=#12+#9

END2

IF [#13 EQ #11] GOTO2

#13=#13+#7　　　（深度变化，实现切削深度）

IF [#13 GT #11] THEN #13=#11

END1

N2 M99

程序到这就结束了。其实写程序还有一点是很关键的——程序结构。本例中的程序结构相对比较简单，容易理解。还有一种结构只需要两层嵌套就能完成层优先的通用宏程序，这里不做详细介绍。让我们看一下程序的仿真效果图（见图 7-13 ）。

图　7-13

很明显就能看出，在第一条螺旋线车到某个深度后，并没有再次下切，而是加工了第二线，以此类推。让我们看一下最终效果图吧（见图 7-14 ）。

图　7-14

现在我们把数据改动，螺距改为 15mm、线数改为 2 线，再看看效果图（见图 7-15 ）。

图　7-15

可以看到程序完全能够适应以上参数的加工!

本节到这就结束了，请读者不急于写通用宏程序，循序渐进!

7.5　通用宏程序之梯形螺纹

本节学习要点

1. 完全掌握如何自动选择梯形螺纹牙顶间隙

2. 熟悉梯形螺纹参数

3. 吸收例题程序

前一节讲了矩形螺纹通用宏程序编制。相信有部分读者还卡在"层优先"上，但是在多线螺纹加工时，我还是首推层优先加工，好处就不说了。

本节将介绍梯形螺纹的通用宏程序编制。整体上和矩形螺纹没什么区别，直接看图吧。

例 7-9 （图 7-16）

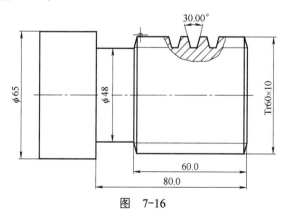

图　7-16

167

对层优先的程序结构本节就不介绍了，分析下有哪些数据量会变化。

1. 螺纹大径

2. 螺距

3. 线数

4. 螺纹 Z 向起点

5. 螺纹 Z 向终点

6. 背吃刀量

7. Z 向借刀量

8. 刀宽

上面八个数据基本上已经囊括了梯形螺纹参数。但有一个参数没写到：牙顶间隙！

关于牙顶间隙是有一张表的，直接用文字描述就好。

当螺距在 1.5～5mm 时，牙顶间隙为 0.25mm；当螺距在 6～12mm 时，牙顶间隙为 0.5mm；当螺距在 14～44mm 时，牙顶间隙为 1mm。上面这段话用程序表达是非常简单的，会在下面的程序中体现。

由于在第 5 章详细地讲解过梯形螺纹，所以现在就直接编制通用程序了。

例 7-10

主程序：

O1005

（A #1　螺纹大径）

（B #2　螺距）

（C #3　线数）

（I #4　螺纹 Z 向起点）

（J #5　螺纹 Z 向终点）

（K #6   背吃刀量）

（D #7   Z 向借刀量）

（T #20   刀宽）

T0202   （3mm 宽切槽刀。考虑到螺距变化，这里用切槽刀比较合适）

S500 M3   （其实转速也可以写成变量，读者可以思考如何做）

G65 P1006 A60. B10. C3. I15. J-65（把导出量考虑进去）. K0.1 D2.8 T3.

G0 X100

Z100

M30

子程序：

O1006

#8=0   （#8 表示牙顶间隙）

IF [#2 GE 1.5] THEN #8=0.25

IF [#2 GE 6] THEN #8=0.5

IF [#2 GE 14] THEN #8=1   （这三行就是确定牙顶间隙的。由于牙顶间隙是根据螺距范围确定，所以只要在这事先做好判断，然后把这个值赋值给#8）

G0 X[#1+2] Z#4   （定位到安全点）

#9=360/#3   （每一线对应的角度，分线用）

#10=0.5*#2+#8   （#10 表示牙高，计算公式第 5 章讲过）

#11=0   （X 向切削深度起始值，以牙高为基准）

#16=#2*#3   （导程）

WHILE [#11 LE #10] DO1   （如果#11 的值还小于等于#10，说明牙高没到位）

#12=0   （角度起始值）

169

WHILE [#12 LT 360] DO2

#13=[0.366*#2−0.536*#8+[#10−#11] *TAN[15] *2−#20]/2

　　　　　　　　（#13 表示 Z 总长的一半。因为我们刀具轨迹是先中

　　　　　　　　间、后两边。上面这一堆其实是公式，没什么其他

　　　　　　　　特别的）

#14=0　　　　　　（借刀基准值）

#15=0　　　　　　（计数器，关键数据！）

WHILE [#14 LE #13] DO3

IF [#15 EQ 1] GOTO1（根据#15 的值，判断向左还是向右借刀）

G0 X[#1−#11*2] Z[#4+#14]

GOTO2

N1

G0 X[#1−#11*2] Z[#4−#14]

N2

G32 Z#5 F#16 Q#12

G0 X[#1+2]

Z#4

IF [#14 EQ #13] THEN #15=#15+1

IF [#14 EQ #13] THEN #14=0

IF [#15 EQ 2] GOTO3（#15 一旦等于 2，说明两边都借过了，需要退出）

#14=#14+#7

IF [#14 GT #13] THEN #14=#13

END3

N3

#12=#12+#9

END2

IF [#11 EQ #10] GOTO4

#11=#11+#6

IF [#11 GT #10] THEN #11=#10

END1

N4 M99

程序虽然结束，但有必要把加粗的程序段（WHILE...DO3）解释下。

分析之前，要明白这段程序是干吗的。它的目的是**在一个程序段内同时实现单向向左，然后单向向右借刀**。记得第5章讲解梯形螺纹时，左右借刀是用了两个循环程序段，一个向左，一个向右。但这样程序会比较长，结构不紧凑。所以在通用宏程序例子中我把这两个功能结合到一起。明白作用后，开始分析程序执行过程。

首先，程序逐渐执行到第二层循环体内，发现有#14、#15两个变量。然后执行 WHILE…DO3 循环体。可以看到第三层循环体内有这两个语句"G0 X[#1-#11 *2] Z[#4-#14]" "G0 X[#1-#11*2] Z[#4+#14]"。很明显，这两句的 Z 动作是分别向左、向右借刀。但**这两个借刀动作不是同时完成，而是先彻底完成一个，再完成另一个**。也就是说这两个程序段，单次只能执行一个。那如何做到这一点？我们看到在这两句前面有段"IF [#15 EQ 1] GOTO1"语句，它的意思是，如果**#15 这个变量的值与 1 相等，就跳到 N1 段；反之不相等的话，就不跳转**。我们再看 N1 段后面是"G0 X[#1-#11*2] Z[#4-#14]"。这是向左借刀。也就是说如果条件不成立，就永远不会向左借刀。因此程序是先执行向右边借刀，即执行"G0 X[#1-#11*2] Z[#4+#14]"这个语句。执行完后，下一行是无条件跳转语句"GOTO2"，直接跳到 N2 段。而 N2 段下行就是车螺纹动作了，继续看下面的程序。螺纹动作结束了，有"IF [#14 EQ #13] THEN

#15=#15+1"语句，它的意思说如果#14与#13的值相等，就把#15的值加1。我们知道#13是当前深度下，槽口总宽的一半。而#14一开始是0。所以不会这么快就与#13相等。因此这段语句不成立，#15依然是0。然后继续往下执行，来到"IF [#14 EQ #13] THEN #14=0 IF [#15 EQ 2] GOTO3"这两个语句。暂时不管它们。分析到这，**我们可以肯定的是，#14 的值越加越大，终究会和#13 相等**。假设现在#14和#13相等了，说明右侧借刀结束。那么该往左借刀了。

这时有意思的事情发生了。因为**#14 一旦和#13 相等，就会执行"IF [#14 EQ #13] THEN #15=#15+1"语句，而这个语句执行完毕，#15 的值就为 1，不再是 0**！同时下面一行语句**"IF [#14 EQ #13] THEN #14=0"也会成立，把#14 重新赋值为 0**！因为要开始向左借刀，必须初始化#14 的值。这时候#15 是 1，#14 是 0，下面的程序段我们暂时不看。此时会进入判断语句"WHILE [#14 LE #13] DO3"，条件不成立！因为#14又被重新赋值为 0 了。但是下一行语句"IF [#15 EQ 1] GOTO1"就成立了！因为此时#15 已经是 1。成立后，就跳到 N1 段，而我们发现 N1 段不就是向左借刀吗。它跳过了向右借刀这一步。所以，只要#15 与 1 相等，就永远不会执行向右借刀动作！此时不但向左借刀，而且#14 也重新开始计算。

最后，#14 再次等于#13，而这次相等会导致"IF [#14 EQ #13] THEN #15=#15+1"再次执行，执行过后#15 的值就不是 1，变成了 2！一旦#15 的值为 2，那么"IF [#15 EQ 2] GOTO3"就会成立并执行，跳到了 N3 段，也就是彻底退出了借刀动作。至此，两边单向借刀都完毕！

上面一堆分析需要慢慢消化，总的来讲第三个循环体逻辑上大大超过了前两节。新手可以按照之前的写法，左、右借刀各一个循环。

现在该看看程序加工的效果图（见图 7-17）了。

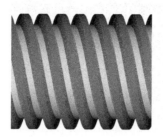

图 7-17

把螺距改为 20mm，线数改为 2，再看看效果图（见图 7-18）。

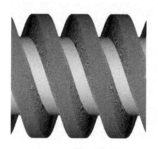

图 7-18

综合来说本节的程序结构比前面要复杂，但仔细阅读例题的分析后，其实也并没有想象的那么绕人。

本节到这就结束了。

7.6 通用宏程序之直面圆弧螺纹

本节学习要点

1. 掌握圆弧半径与刀具半径的数据计算

2. 熟悉程序结构

3. 吸收例题程序

上一节讲了梯形螺纹的通用宏程序，可能在借刀那一段已让很多读者望而却步。但之前讲过写通用宏程序是个积累的过程，只要循序渐进即可。

本节要讲解的内容是直面圆弧螺纹的通用宏程序。谈到直面圆弧螺纹，之前也讲到过。但这种螺纹有两个形态——整半圆和非半圆。第 5 章讲解的时候分了两节内容介绍。在通用宏程序里，我们把它们合二为一。

首先看下之前的图样。

例 7-11 （图 7-19）

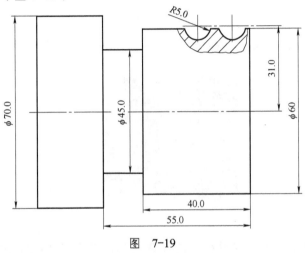

图　7-19

刀具轨迹还是和第 5 章讲解的一致，所以只需分析那些"公共数据"。

1. 螺纹大径

2. 螺距

3. 线数

4. 刀具半径

5. 圆弧半径

6. 圆弧起始角度

7. 圆弧终止角度

8. X 向递减量　　（依然采用 X 向偏移法，所以要知道每次递减多少）

9. 粗加工角度递减量

10. 精加工角度递减量

11. 圆心到回转轴线的垂直距离（直径值输入）

12. 螺纹 Z 向起点

13. 螺纹 Z 向终点

上面的十三个数据已完全能够描述直面圆弧螺纹了。下面直接上程序了！

例 7-12

主程序：

O1100

（A #1　螺纹大径）

（B #2　螺距）

（C #3　线数）

（I #4　刀具半径）

（J #5　圆弧半径）

（K #6　圆弧起始角度）

（D #7　圆弧终止角度）

（E #8　X 向递减量，直径值）

（F #9　粗加工角度递减量）

（H #11　精加工角度递减量）

（M #13　圆心到回转轴线的垂直距离（直径值输入））

（Q #17　螺纹 Z 向起点）

（R #18　螺纹 Z 向终点）

T0505　（R2mm 圆弧车刀，且以圆心对刀）

S500 M3

（需要说明的是：圆弧起始角与终止角度使用的还是第 5 章节的数据）

G65 P1101 A60. B13. C2. I2. J5. K−11.54　D−168.46 E2. F10. H2. M62.

Q16. R-46.

G0 X66

Z15

M30

子程序:

O1101

#26=#3*#2　　　　　　　　　　（导程）

#27=360/#3　　　　　　　　　　（每一线对应的角度）

#28=#5-#4　　　　　　　　　　（#28 表示刀具半径算进去后，实际要加工的
　　　　　　　　　　　　　　　　圆弧半径）

G0 X[#1+#4*2+2] Z#17　　　（X 这一步定位时要注意刀具的半径）

#24=0　　　　　　　　　　　　（角度赋初始值）

WHILE [#24 LT 360] DO1

#19=#1+2*#5　　　　　　　　（#9 表示偏移后的圆弧中心距）

#20=#9　　　　　　　　　　　（保存粗加工角度递减量）

WHILE [#19 GE #13] DO2　　（偏移后的圆弧中心距如果大于等于实际中心
　　　　　　　　　　　　　　　　距，说明还没车完）

#21=#6

WHILE [#21 GE #7] DO3　　（#21 的值比终止值大，说明角度没车完）

#22=#19+2*SIN[#21] *#28（计算出圆弧的 X 值）

IF [#22 GT [#1+2*#4]] GOTO1　　　（跳过空刀部分）

#23=#17+#28*COS[#21]　　　　　　　（计算出圆弧的 Z 值）

G0 X#22 Z#23

G32 Z#18 F#26 Q#24

G0 X[#1+2*#4+2]

Z#23

N1

IF [#21 EQ #7] GOTO2

#21=#21-#20

IF [#21 LT #7] THEN #21=#7

END3

N2

IF [#19 EQ #13] GOTO5

#19=#19-#8

IF [#19 LT #13] THEN #19=#13

IF [#19 EQ #13] THEN #20=#11　　（**当偏移后的中心距与实际中心距相等，说明这是最后一刀。因此要精车圆弧轮廓，把#20 的值改为精加工的角度**）

END2

N5

#24=#24+#27

M99

程序已结束，让我们分别看看 2 线、4 线加工效果图（见图 7-20）。

2 线　　　　　4 线

图　7-20

本节到这里就告一段落。通过前面几个例子可以发现通用宏程序的原理其实都是一样的，只要把公共数据找出来就行！